龙港市河口红树林及周边湿地鸟类图鉴

水柏年　曾晓起
胡成业　蒋颖俊　著

·上海·

内 容 提 要

本书由浙江海洋大学红树林生态团队编撰，基于2021—2024年对鳌江及周边湿地开展的3年12季次系统性鸟类观测成果，通过翔实调查数据与生态影像，完整呈现龙港市河口国家重要湿地鸟类多样性现状，科学论证红树林引种工程对区域生态的修复成效。全书收录126种鸟类的高清影像，生动展现红树林湿地生态活力，系统梳理鸟类形态特征、行为习性及种群动态。

本书兼具科研价值和实用功能，既可为海洋生态、生物多样性保护等领域的专家学者提供基础研究资料，也能为沿海地区生态管理部门制定保护政策提供科学参考，同时还能满足广大观鸟爱好者认识和欣赏湿地鸟类的需求。

图书在版编目（CIP）数据

龙港市河口红树林及周边湿地鸟类图鉴 / 水柏年等著. -- 上海：同济大学出版社，2025.8. -- ISBN 978-7-5765-1633-3

Ⅰ.Q959.708-64

中国国家版本馆 CIP 数据核字第 202550RD70 号

龙港市河口红树林及周边湿地鸟类图鉴
水柏年　曾晓起　胡成业　蒋颖俊　著

责任编辑　姚烨铭　　**责任校对**　徐逢乔　　**封面设计**　张　微

出版发行	同济大学出版社　www.tongjipress.com.cn （地址：上海市四平路1239号　邮编：200092　电话：021-65985622）
经　销	全国各地新华书店
排　版	南京文脉图文设计制作有限公司
印　刷	苏州市古得堡数码印刷有限公司
开　本	710mm × 1000mm　1/16
印　张	6
字　数	101 000
版　次	2025 年 8 月第 1 版
印　次	2025 年 8 月第 1 次印刷
书　号	ISBN 978-7-5765-1633-3
定　价	78.00 元

本书若有印装质量问题，请向本社发行部调换　　　　版权所有　侵权必究

序　言

我之所以欣然为水柏年教授的专著作序,是因为我欣赏水教授,他有一种教书育人的持久情怀,是全国优秀教师、浙江省师德楷模。我坚信,倘若一个教授能够以这样一种态度,久久为功地专注于自己的科学研究,那么,他所带来的学术成果一定也是真实且富有温度的。事实也是这样,当我浏览他所赠阅的《龙港市河口红树林及周边湿地鸟类图鉴》时,发现调查资料客观,文献资料翔实,读来有一种仿若亲历般的科学旅行之感。

红树林是热带、亚热带淤泥质海岸线潮间带的主要植物,由以红树植物为主体的常绿灌木或乔木组成,是鸟类、鱼类、甲壳类、贝类、爬行动物和哺乳动物的重要繁育地,能为渔业,沉积物调节和抵御风暴、海啸灾害等提供重要生态系统服务。因此,红树林正受到越来越多的关注。1971年,来自18个国家的代表在伊朗拉姆萨尔共同签署了《关于特别是作为水禽栖息地的国际重要湿地公约》(以下简称《湿地公约》),此后,红树林作为滨海湿地的典范性类型受到学术界的高度重视。1992年,联合国环境和发展大会提出《生物多样性公约》后,学术界将热带雨林、珊瑚礁、红树林视为全球生物多样性最为丰富、生产力最高的生态系统。2009年,联合国发布《蓝碳:健康海洋固碳作用的评估报告》,首次提出蓝碳概念,并确认红树林、盐沼植物、海草床是重要的滨海生态系统,在全球碳循环和应对气候变化中具有重要作用。浙江海洋大学红树林生态团队对龙港市河口红树林鸟类群落进行了连续三年的调查与研究,从湿地—生物多样性—蓝碳的交集的视角切入,汇集了生境—生物—生态效应的系列研究成果,蕴含着因地制宜发展生态经济新质生产力的新思考,对我国维护生态环境和可持续发展具有重大意义。

我国从"十三五"以来积极实施"蓝色海湾""南红北柳""生态岛礁"等重点工程,积极推进海洋生态建设和整治修复,加快"美丽海洋"建设。其中,"南红北柳"生态工程是指南方以种植红树林为代表,北方以种植柽柳、碱蓬为代表,因地制宜开展滨海湿地、河口湿地生态修复工程。自

2002年以来，龙港市鳌江河口湿地人工秋茄林引种面积达1 500亩（1平方千米），长势良好。2017年3月，该湿地被浙江省列入重点湿地保护名录，同年获浙江省林业局批准，成为浙江龙港红树林省级湿地公园。2023年，其被列为国家级重要湿地，已然成为鸟类的乐园。

本书是依据2021—2024年连续3年12季次鸟类调查，并结合相关文献资料写作而成，图文并茂，收录的图谱生动鲜活，使人一眼便能感受到生命的活力。本书可为从事野生动物领域的专家学者提供科研参考，为沿海政府管理部门提供参阅，也可为大众百姓进行科普欣赏所用。

以此为序。

严小军
2024年12月

目 录

一、鸡形目 GALLIFORMES ……001
雉科 Phasianidae ……001
环颈雉 *Phasianus colchicus* ……001

二、雁形目 ANSERIFORMES ……002
鸭科 Anatidae ……002
1. 斑嘴鸭 *Anas zonorhyncha* ……002
2. 绿翅鸭 *Anas crecca* ……002
3. 赤颈鸭 *Mareca penelope* ……003
4. 凤头潜鸭 *Aythya fuligula* ……003
5. 翘鼻麻鸭 *Tadorna tadorna* ……004
6. 绿头鸭 *Anas platyrhynchos* ……004
7. 罗纹鸭 *Mareca falcata* ……005
8. 琵嘴鸭 *Spatula clypeata* ……005
9. 白额雁 *Anser albifrons* ……006
10. 红胸黑雁 *Branta ruficollis* ……007

三、䴙䴘目 PODICIPEDIFORMES ……008
䴙䴘科 Podicipedidae ……008
1. 小䴙䴘 *Tachybaptus ruficollis* ……008
2. 黑颈䴙䴘 *Podiceps nigricollis* ……008

四、鸽形目 COLUMBIFORMES ……010
鸠鸽科 Columbidae ……010
珠颈斑鸠 *Streptopelia chinensis* ……010

五、夜鹰目 CAPRIMULGIFORMES ……011
雨燕科 Apodidae ……011
1. 白腰雨燕 *Apus pacificus* ……011
2. 小白腰雨燕 *Apus nipalensis* ……011

六、鹃形目 CUCULIFORMES ……013
杜鹃科 Cuculidae ……013
小鸦鹃 *Centropus bengalensis* ……013

七、鹤形目 GRUIFORMES ……014
秧鸡科 Rallidae ……014
1. 黑水鸡 *Gallinula chloropus* ……014
2. 白骨顶 *Fulica atra* ……014

八、鹈形目 PELECANIFORMES ……016
（一）鹭科 Ardeidae ……016
1. 苍鹭 *Ardea cinerea* ……016
2. 大白鹭 *Ardea alba* ……016
3. 白鹭 *Egretta garzetta* ……017
4. 中白鹭 *Ardea intermedia* ……017
5. 黄嘴白鹭 *Egretta eulophotes* ……018
6. 池鹭 *Ardeola bacchus* ……019
7. 夜鹭 *Nycticorax nycticorax* ……019
8. 牛背鹭 *Bubulcus ibis* ……020
（二）鹮科 Threskiornithidae ……020
1. 黑脸琵鹭 *Platalea minor* ……020
2. 白琵鹭 *Platalea leucorodia* ……021

九、鲣鸟目 SULIFORMES ……022
鸬鹚科 Phalacrocoracidae ……022
普通鸬鹚 *Phalacrocorax carbo* ……022

目 录

十、鸻形目 CHARADRIIFORMES ·················· 023
（一）反嘴鹬科 Recurvirostridae ·················· 023
1. 黑翅长脚鹬 *Himantopus himantopus* ·················· 023
2. 反嘴鹬 *Recurvirostra avosetta* ·················· 023

（二）鸻科 Charadriidae ·················· 024
1. 凤头麦鸡 *Vanellus vanellus* ·················· 024
2. 金眶鸻 *Charadrius dubius* ·················· 025
3. 灰斑鸻 *Pluvialis squatarola* ·················· 025
4. 环颈鸻 *Charadrius alexandrinus* ·················· 026
5. 蒙古沙鸻 *Charadrius mongolus* ·················· 026
6. 铁嘴沙鸻 *Charadrius leschenaultii* ·················· 027
7. 金斑鸻 *Pluvialis fulva* ·················· 028

（三）鹬科 Scolopacidae ·················· 028
1. 中杓鹬 *Numenius phaeopus* ·················· 028
2. 大杓鹬 *Numenius madagascariensis* ·················· 029
3. 白腰杓鹬 *Numenius arquata* ·················· 029
4. 青脚鹬 *Tringa nebularia* ·················· 030
5. 红脚鹬 *Tringa totanus* ·················· 031
6. 翘嘴鹬 *Xenus cinereus* ·················· 031
7. 翻石鹬 *Arenaria interpres* ·················· 032
8. 泽鹬 *Tringa stagnatilis* ·················· 032
9. 林鹬 *Tringa glareola* ·················· 033
10. 红腹滨鹬 *Calidris canutus* ·················· 033
11. 黑腹滨鹬 *Calidris alpina* ·················· 034
12. 红颈滨鹬 *Calidris ruficollis* ·················· 035
13. 白腰草鹬 *Tringa ochropus* ·················· 035
14. 矶鹬 *Actitis hypoleucos* ·················· 036
15. 黑尾塍鹬 *Limosa limosa* ·················· 036
16. 灰尾漂鹬 *Tringa brevipes* ·················· 037
17. 尖尾滨鹬 *Calidris acuminata* ·················· 037
18. 弯嘴滨鹬 *Calidris ferruginea* ·················· 038
19. 鹤鹬 *Tringa erythropus* ·················· 038
20. 半蹼鹬 *Limnodromus semipalmatus* ·················· 039

21. 阔嘴鹬 *Calidris falcinellus* ⋯⋯⋯⋯⋯⋯⋯⋯⋯⋯⋯⋯⋯⋯⋯⋯ 040
22. 大滨鹬 *Calidris tenuirostris* ⋯⋯⋯⋯⋯⋯⋯⋯⋯⋯⋯⋯⋯⋯⋯⋯ 040
23. 扇尾沙锥 *Gallinago gallinago* ⋯⋯⋯⋯⋯⋯⋯⋯⋯⋯⋯⋯⋯⋯⋯ 041

（四）鸥科 **Laridae** ⋯⋯⋯⋯⋯⋯⋯⋯⋯⋯⋯⋯⋯⋯⋯⋯⋯⋯⋯⋯⋯⋯⋯ 041
1. 红嘴鸥 *Chroicocephalus ridibundus* ⋯⋯⋯⋯⋯⋯⋯⋯⋯⋯⋯⋯ 041
2. 黑嘴鸥 *Saundersilarus saundersi* ⋯⋯⋯⋯⋯⋯⋯⋯⋯⋯⋯⋯⋯ 042
3. 黑尾鸥 *Larus crassirostris* ⋯⋯⋯⋯⋯⋯⋯⋯⋯⋯⋯⋯⋯⋯⋯⋯ 043
4. 白翅浮鸥 *Chlidonias leucopterus* ⋯⋯⋯⋯⋯⋯⋯⋯⋯⋯⋯⋯⋯ 043
5. 灰翅浮鸥 *Chlidonias hybrida* ⋯⋯⋯⋯⋯⋯⋯⋯⋯⋯⋯⋯⋯⋯⋯ 044
6. 鸥嘴噪鸥 *Gelochelidon nilotica* ⋯⋯⋯⋯⋯⋯⋯⋯⋯⋯⋯⋯⋯⋯ 044
7. 西伯利亚银鸥 *Larus smithsonianus* ⋯⋯⋯⋯⋯⋯⋯⋯⋯⋯⋯⋯ 045
8. 红嘴巨燕鸥 *Hydroprogne caspia* ⋯⋯⋯⋯⋯⋯⋯⋯⋯⋯⋯⋯⋯ 045
9. 普通燕鸥 *Sterna hirundo* ⋯⋯⋯⋯⋯⋯⋯⋯⋯⋯⋯⋯⋯⋯⋯⋯⋯ 046

（五）燕鸻科 **Glareolidae** ⋯⋯⋯⋯⋯⋯⋯⋯⋯⋯⋯⋯⋯⋯⋯⋯⋯⋯⋯ 046
普通燕鸻 *Glareola maldivarum* ⋯⋯⋯⋯⋯⋯⋯⋯⋯⋯⋯⋯⋯⋯ 046

十一、鹰形目 ACCIPITRIFORMES ⋯⋯⋯⋯⋯⋯⋯⋯⋯⋯⋯⋯⋯⋯⋯⋯ 048
鹰科 **Accipitridae** ⋯⋯⋯⋯⋯⋯⋯⋯⋯⋯⋯⋯⋯⋯⋯⋯⋯⋯⋯⋯⋯⋯⋯⋯ 048
1. 黑翅鸢 *Elanus caeruleus* ⋯⋯⋯⋯⋯⋯⋯⋯⋯⋯⋯⋯⋯⋯⋯⋯⋯ 048
2. 普通鵟 *Buteo japonicus* ⋯⋯⋯⋯⋯⋯⋯⋯⋯⋯⋯⋯⋯⋯⋯⋯⋯ 048

十二、佛法僧目 CORACIIFORMES ⋯⋯⋯⋯⋯⋯⋯⋯⋯⋯⋯⋯⋯⋯⋯⋯ 050
翠鸟科 **Alcedinidae** ⋯⋯⋯⋯⋯⋯⋯⋯⋯⋯⋯⋯⋯⋯⋯⋯⋯⋯⋯⋯⋯⋯⋯ 050
1. 普通翠鸟 *Alcedo atthis* ⋯⋯⋯⋯⋯⋯⋯⋯⋯⋯⋯⋯⋯⋯⋯⋯⋯ 050
2. 白胸翡翠 *Halcyon smyrnensis* ⋯⋯⋯⋯⋯⋯⋯⋯⋯⋯⋯⋯⋯⋯ 050

十三、隼形目 FALCONIFORMES ⋯⋯⋯⋯⋯⋯⋯⋯⋯⋯⋯⋯⋯⋯⋯⋯⋯ 052
隼科 **Falconidae** ⋯⋯⋯⋯⋯⋯⋯⋯⋯⋯⋯⋯⋯⋯⋯⋯⋯⋯⋯⋯⋯⋯⋯⋯⋯ 052
1. 红隼 *Falco tinnunculus* ⋯⋯⋯⋯⋯⋯⋯⋯⋯⋯⋯⋯⋯⋯⋯⋯⋯ 052
2. 游隼 *Falco peregrinus* ⋯⋯⋯⋯⋯⋯⋯⋯⋯⋯⋯⋯⋯⋯⋯⋯⋯⋯ 052
3. 红脚隼 *Falco amurensis* ⋯⋯⋯⋯⋯⋯⋯⋯⋯⋯⋯⋯⋯⋯⋯⋯⋯ 053

十四、雀形目 PASSERIFORMES ·········· 054

（一）鹡鸰科 Motacillidae ·········· 054
1. 白鹡鸰 *Motacilla alba* ·········· 054
2. 黄鹡鸰 *Motacilla tschutschensis* ·········· 054
3. 灰鹡鸰 *Motacilla cinerea* ·········· 055
4. 树鹨 *Anthus hodgsoni* ·········· 055
5. 北鹨 *Anthus gustavi* ·········· 056
6. 田鹨 *Anthus richardi* ·········· 057

（二）椋鸟科 Sturnidae ·········· 057
1. 八哥 *Acridotheres cristatellus* ·········· 057
2. 灰椋鸟 *Spodiopsar cineraceus* ·········· 058
3. 黑领椋鸟 *Gracupica nigricollis* ·········· 058
4. 丝光椋鸟 *Spodiopsar sericeus* ·········· 059

（三）鹎科 Pycnonotidae ·········· 060
1. 白头鹎 *Pycnonotus sinensis* ·········· 060
2. 黑短脚鹎 *Hypsipetes leucocephalus* ·········· 060
3. 领雀嘴鹎 *Spizixos semitorques* ·········· 061

（四）伯劳科 Laniidae ·········· 061
1. 棕背伯劳 *Lanius schach* ·········· 061
2. 红尾伯劳 *Lanius cristatus* ·········· 062

（五）鹟科 Muscicapidae ·········· 063
1. 鹊鸲 *Copsychus saularis* ·········· 063
2. 北红尾鸲 *Phoenicurus auroreus* ·········· 063

（六）噪鹛科 Leiothrichidae ·········· 064
1. 画眉 *Garrulax canorus* ·········· 064
2. 黑脸噪鹛 *Garrulax perspicillatus* ·········· 064

（七）莺鹛科 Sylviidae ·········· 065
棕头鸦雀 *Sinosuthora webbiana* ·········· 065

（八）扇尾莺科 Cisticolidae ·········· 066
1. 纯色山鹪莺 *Prinia inornata* ·········· 066
2. 黄腹山鹪莺 *Prinia flaviventris* ·········· 066
3. 棕扇尾莺 *Cisticola juncidis* ·········· 067

(九) 苇莺科 Acrocephalidae ·· 067
  1. 东方大苇莺 *Acrocephalus orientalis* ······························· 067
  2. 黑眉苇莺 *Acrocephalus bistrigiceps* ······························· 068
(十) 燕雀科 Fringillidae ··· 069
  1. 金翅雀 *Chloris sinica* ··· 069
  2. 黑尾蜡嘴雀 *Eophona migratoria* ································· 069
(十一) 雀科 Passeridae ··· 070
  1. 麻雀 *Passer montanus* ·· 070
  2. 山麻雀 *Passer cinnamomeus* ······································ 070
(十二) 梅花雀科 Estrildidae ·· 071
  1. 斑文鸟 *Lonchura punctulata* ······································· 071
  2. 白腰文鸟 *Lonchura striata* ··· 071
(十三) 卷尾科 Dicruridae ·· 072
  黑卷尾 *Dicrurus macrocercus* ·· 072
(十四) 鸦科 Corvidae ··· 073
  红嘴蓝鹊 *Urocissa erythroryncha* ···································· 073
(十五) 燕科 Hirundinidae ·· 073
  1. 家燕 *Hirundo rustica* ··· 073
  2. 金腰燕 *Cecropis daurica* ·· 074
  3. 崖沙燕 *Riparia riparia* ·· 074
(十六) 山雀科 Paridae ·· 075
  大山雀 *Parus cinereus* ·· 075
(十七) 鹀科 Emberizidae ··· 076
  1. 灰头鹀 *Emberiza spodocephala* ··································· 076
  2. 苇鹀 *Emberiza pallasi* ··· 076
(十八) 百灵科 Alaudidae ··· 077
  小云雀 *Alauda gulgula* ·· 077
(十九) 绣眼鸟科 Zosteropidae ··· 078
  暗绿绣眼鸟 *Zosterops japonicus* ······································ 078
(二十) 鸫科 Turdidae ··· 078
  1. 乌鸫 *Turdus mandarinus* ··· 078
  2. 白腹鸫 *Turdus pallidus* ··· 079
  3. 斑鸫 *Turdus eunomus* ·· 079

（二十一）攀雀科 Remizidae ……………………………………………… 080
　　中华攀雀 *Remiz consobrinus* ……………………………………… 080
（二十二）柳莺科 Phylloscopidae …………………………………………… 080
　　1. 褐柳莺 *Phylloscopus fuscatus* …………………………………… 080
　　2. 黄腰柳莺 *Phylloscopus proregulus* ……………………………… 081

参考文献 ……………………………………………………………………… 082

一

鸡 形 目
GALLIFORMES

雉科 Phasianidae

环颈雉 *Phasianus colchicus*

【形态】 体长59～87 cm，体重880～1 650 g。喙粗短，角质色，虹膜红栗色。雄鸟头部黑色，颈部有白色环，面部裸皮红色，体羽多彩，胸部铜红色，尾羽黄灰色且有黑色横斑。雌鸟羽色较淡，以褐色为主。脚灰色。

【习性】 栖息于低山丘陵、农田、地边、沼泽草地，以及林缘灌丛和公路两边的灌丛与草地中。善于奔跑，飞行快速而有力，但通常飞行时间不长，飞行距离不远。食物包括植物和昆虫，会随地区和季节有所变化。

【中国分布与种群现状】[①] 见于除海南和西藏中西部外的大部分地区，留鸟，常见。

【保护级别】 IUCN红色名录LC（低度关注）。

[①] 本图鉴中描述的各地区指的都是我国的各地区，分布范围广也指的是在我国的分布情况。原文中描述的各种鸟类的分布仅仅描述在中国的分布情况。
此前图鉴中鸟类分布与种群现状这一部分参考的文献比较多，为统一起见，本书关于"鸟类分布与种群现状"的描述统一参照聂延秋编著的《中国鸟类识别手册》（中国林业出版社，2017，马敬能等中外知名专家审定并推荐）。

二

雁形目
ANSERIFORMES

鸭科 Anatidae

❶ 斑嘴鸭 Anas zonorhyncha

【形态】 体长60 cm左右。雄鸟体羽大部棕褐色，喙蓝黑色，先端黄色，喙基至耳区贯眼线黑褐色，虹膜黑褐色，外圈橙黄色，眉纹黄白色，头顶、额、枕部暗棕褐色。雌鸟嘴端黄斑不明显，下体自胸以下淡白色，杂暗色斑。脚红色。

【习性】 栖息于多种湿地环境，善游泳，常成群活动。主食植物种子和昆虫，也食软体动物。

【中国分布与种群现状】 全国均有分布，常见。

LC（低度关注）。

❷ 绿翅鸭 Anas crecca

【形态】 体长约37 cm。虹膜褐色，喙灰色。雄鸟头部及颈部深栗色，眼后有金属绿色的贯眼纹，肩羽上有一条白色长纹，尾下覆羽黑色，两侧有皮黄色斑。雌鸟褐色斑驳，腹部色淡，翼镜亮绿色，比雄鸟小。脚灰色。

【习性】 偏好栖息于受保护的淡水湿地，如沼泽、小湖泊和植被丰富的池塘。在迁徙季节和冬季，它们常出现在咸淡水交汇处，乃至海岸线的避风海湾和潟湖。喜集群，特别是在迁徙季节和冬季，常集成数百甚至上千只进行大群活动。飞行疾速，常成直线或"V"字队形。

【中国分布与种群现状】 新疆和东北地区，夏候鸟；黄河以南大部分地区，冬候鸟。常见。

LC（低度关注）。

❸ 赤颈鸭 *Mareca penelope*

【形态】 体长 41～52 cm。喙蓝灰色，先端黑色，虹膜棕褐色。雄鸟头部和颈部为棕红色，额至头顶有一乳黄色纵带，背和两胁灰白色，满杂以暗褐色波状细纹，翼镜翠绿色，翅上覆羽纯白色。雌鸟上体黑褐色，上胸部棕色，下体白色。脚灰色。

【习性】 栖息于江河、湖泊、水塘、河口、海湾、沼泽等各类水域中，尤其喜欢在富有水生植物的开阔水域中活动。

【中国分布与种群现状】 东北地区，夏候鸟；黄河及以南大部分地区，冬候鸟。较常见。

LC（低度关注）。

❹ 凤头潜鸭 *Aythya fuligula*

【形态】 体长约 40 cm。虹膜黄色，喙蓝灰色。雌雄均有长的辫状冠羽，嘴宽大，眼黄色。雄鸟全体黑色，但腹部、两胁和翼镜为白色；雌鸟全体大致为褐色，两胁有褐色斑纹，腹部白色。脚蓝灰色。

【习性】 栖息于湖泊、水库、河口等开阔水面,喜成群活动。善游泳和潜水,可潜水 2~3 m。主要在白昼潜水觅食,夜晚休息于水岸或湖心的沙洲上。以小型鱼、虾、蟹、蝌蚪等为食,兼食少量水生植物。

【中国分布与种群现状】 分布范围广,夏候鸟、旅鸟、冬候鸟,常见。

LC(低度关注)。

❺ 翘鼻麻鸭 *Tadorna tadorna*

【形态】 体长约 60 cm。虹膜浅褐色,喙红色。雄鸟头部和上颈为黑褐色,具有绿色光泽,体羽主要为白色,喙赤红色,基部生有一个突出的红色皮质瘤,颜色艳丽;雌鸟羽色较雄鸟略淡,嘴基无皮质肉瘤。脚红色。

【习性】 栖息于江河、湖泊、河口、水塘及其附近的草原、荒地、沼泽、沙滩、农田和平原疏林等各类生境中,尤喜平原上的湖泊地带。主要在内陆淡水生活,有时也见于海边沙滩和咸水湖区及远离水域的开阔草原上。喜欢成群生活,特别是冬季,常集成数十只至数百只的大群,繁殖期间则成对生活。

【中国分布与种群现状】 除海南外,见于各地,夏候鸟、旅鸟、冬候鸟,较常见。

LC(低度关注)。

❻ 绿头鸭 *Anas platyrhynchos*

【形态】 体长 47~62 cm。喙黄绿色或橄榄绿色,虹膜褐色。雄鸟头部绿色,具有金属光泽,颈部有一个明显的白色领环,胸部棕色,体羽多灰色;雌鸟整体棕褐色,与雄鸟羽色差异较大。脚橙黄色。

【习性】 栖息于水生植物丰富的湖泊、河流、池塘、沼泽等水域中。杂食性鸟类,以水生植物、软体动物、甲壳类、水生昆虫等为食。除繁

殖期外常成群活动，迁徙和越冬期间能集成数十只至数百只甚至上千只的大群。

【中国分布与种群现状】 全国均有分布，夏候鸟、冬候鸟、旅鸟，常见。

LC（低度关注）。

❼ 罗纹鸭 *Mareca falcata*

【形态】 体长40～52 cm。喙黑色，虹膜褐色。雄鸭繁殖期头顶暗栗色，头侧、颈侧和颈冠铜绿色，额基有一白斑；颏、喉白色，有一黑色横带位于颈基处。三级飞羽甚长，向下垂，呈镰刀状；下体满杂以黑白相间波浪状细纹；尾下两侧各有一块三角形乳黄色斑。雌鸭略较雄鸭小，上体黑褐色，满布淡棕红色"U"形斑。脚暗灰色。

【习性】 喜栖息于内陆湖泊、沼泽、河流等处的平静水面，较少见于沿海地区。白天本物种喜在近水的灌丛中休息，晨昏飞向农田湖泊的浅水处觅食。主要以水藻、植物种子等植物性食物为食，也到农田觅食稻谷和幼苗，偶尔也吃软体动物、甲壳类和水生昆虫等小型无脊椎动物。

【中国分布与种群现状】 除甘肃、新疆外，见于各省份。夏候鸟、冬候鸟、旅鸟，较少见。

【保护级别】 IUCN红色名录LC（低度关注）。

❽ 琵嘴鸭 *Spatula clypeata*

【形态】 体长43～51 cm。雄鸭头部和颈部为暗绿色，带有金属光泽，背部黑色，胸及上背两侧白色，形成鲜明的对比。雌鸭颜色较为暗淡，上体暗褐色，头顶至后颈杂有浅棕色纵纹。琵嘴鸭最显著的特征是其喙，雄鸟的喙为黑色，雌鸟为黄褐色，上喙末端扩大成铲状。

【习性】 偏好栖息在开阔地区的河流、湖泊、水塘、沼泽等水域环境中，也出现于山区河流、高原湖泊、小水塘和沿海沼泽及河口地带，甚至在村镇附近的污水塘和水田中出现。它们常成对或成3~5只的小群活动，在迁徙季节亦集成较大的群体。

【中国分布与种群现状】 分布范围广，夏候鸟、冬候鸟、旅鸟，常见。

LC（低度关注）。

❾ 白额雁 *Anser albifrons*

【形态】 体长64~80 cm。虹膜为黑褐色，喙为粉红色或肉色，基部黄色。雌雄形态特征相似，上体大都灰褐色，额和上嘴基部具一白色宽阔带斑，白斑后缘黑色；下体白色，杂以黑色不规则的块斑。脚为橘红色。

【习性】 繁殖季节栖息于北极苔原带富有矮小植物和灌丛的湖泊、水塘、河流、沼泽及其附近苔原等各类生境。冬季主要栖息在开阔的湖泊、水库、河湾、海岸及其附近开阔的平原、草地、沼泽和农田。以植物的根、叶、茎为食。

【中国分布与种群现状】 分布范围较广，冬候鸟、旅鸟，常见。

【保护级别】 IUCN红色名录LC（低度关注），国家Ⅱ级重点保护野生动物。

⑩ 红胸黑雁 *Branta ruficollis*

【形态】 体长53～56 cm。喙黑色，虹膜褐色。头部和后颈黑褐色，眼前有一个椭圆形的白斑，眼后有一个栗红色的颊斑，外面围以白边，胸部也是栗红色，外面也围着一条窄的白边，这条白边沿着颈侧向上与颊部的白边相连，十分鲜艳且醒目。翅黑色，折翅时有两道细横纹，背、腹、尾羽黑褐色。脚黑色。

【习性】 典型的冷水性海洋鸟，耐严寒，喜栖于海湾、海港及河口等地。以植物嫩茎叶、种子等为食。善于游泳和潜水，飞翔的速度也很快。晚上一般栖息在水面上、水边浅水处或者沙滩上。

【中国分布与种群现状】 中东部地区，冬候鸟，罕见。

VU（易危），国家Ⅱ级重点保护野生动物。

三

䴙䴘目
PODICIPEDIFORMES

䴙䴘科 Podicipedidae

❶ 小䴙䴘 *Tachybaptus ruficollis*

【形态】 体长25～29 cm。喙细而尖，黑色微向上翘，虹膜黄色。繁殖羽时，头顶及颈背深灰褐，脸部至颈部栗红色，嘴黑色且基部有一明显的黄白色斑块；胸、背部褐色，肋部至腹部褐色逐渐变浅。非繁殖羽色浅，褪去栗红色和黑褐色，整体转为浅褐色，头部和背部略深，其余部位浅褐色或皮黄色。下胸和腹部银白色；尾短，呈棕、褐、白等色相间。脚蓝灰色。

【习性】 栖息于水流缓慢的淡水水域。善潜水。繁殖期单独或成对活动，非繁殖期有时集群。以水生无脊椎动物和小鱼为食。

【中国分布与种群现状】 除青藏高原和西北荒漠地区外各地常见，夏候鸟、留鸟。

LC（低度关注）。

❷ 黑颈䴙䴘 *Podiceps nigricollis*

【形态】 体长25～34 cm。喙黑色，细而尖，微向上翘，虹膜红色。夏羽时，头、颈和上体黑色，两胁红褐色，下体白色，眼后有呈扇形散开的金黄色饰羽。冬羽时，头顶、后颈和上体黑褐色，颏、喉和两颊灰白色，前颈和颈侧淡褐色，其余下体白色，胸侧和两胁杂有灰黑色，无眼后饰羽。

䴙䴘目
· 䴙䴘科 ·

【习性】 白天活动，通常成对或成小群活动在开阔水面。繁殖期多在挺水植物丛中或附近水域中活动，遇人则躲入水草丛。日活动时间较长，从清晨到黄昏几乎全在水中，一般不上岸。

【中国分布与种群现状】 新疆西部和东北地区，夏候鸟；在华南和西南地区，冬候鸟；中东部地区，旅鸟。较常见。

LC（低度关注），国家Ⅱ级重点保护野生动物。

四 鸽形目
COLUMBIFORMES

鸠鸽科 Columbidae

珠颈斑鸠 *Streptopelia chinensis*

【形态】 体长27～34 cm。雌雄羽色相似，但雌鸟羽色不如雄鸟亮泽。颈部有黑白色的珠花图案，明显特征为颈侧满是白点的黑色块斑，虹膜橘黄，嘴黑色，脚红色。

【习性】 栖息于有稀疏树木生长的平原、草地、丘陵和农田地带，特别是在人类聚居地附近的耕地、林地、城镇及乡村等常见。在城市内的公园、绿化带、次生林等也常能观察到珠颈斑鸠。它们常成小群活动，有时亦与其他斑鸠混群。

【中国分布与种群现状】 东部地区，留鸟，较常见。

LC（低度关注）。

五

夜鹰目
CAPRIMULGIFORMES

雨燕科 Apodidae

❶ 白腰雨燕 *Apus pacificus*

【形态】 体长 18 cm。喙黑色，虹膜棕褐色。通体黑褐色。头顶、背及双翼黑褐色并具浅色羽缘，双翼狭长，腰部白色，特征明显；下体胸、腹及尾下覆羽黑褐色，羽端白色呈细横纹状；尾黑色，长且呈深叉状；脚短，黑褐色，爪黑色。

【习性】 常成群活动，以飞行中的昆虫为食。善于快速飞行，繁殖期会筑巢于岩壁缝隙中，每次产卵 2～3 枚。白腰雨燕在迁徙时会进行长距离飞行，越冬地通常在澳大利亚和东南亚。

【中国分布与种群现状】 长江以北至西北、东北地区，夏候鸟；长江以南地区，留鸟、旅鸟。

LC（低度关注）。

❷ 小白腰雨燕 *Apus nipalensis*

【形态】 体长 11～14 cm。虹膜为深褐色，喙黑色。额部、头顶、后颈部和头侧部呈灰褐色，背部和尾部为黑褐色，腰部有一块醒目的白色斑块，这也是其名字的由来。尾羽较长，呈深叉状，颜色为黑色。下体的颏和喉部为白色，前颈、胸、腹和尾下覆羽为黑褐色，羽端有白色细纹。脚黑褐色。

【习性】 喜集群活动，常在开阔地带和水域上空快速飞行捕食昆虫。

在岩壁缝隙中筑巢，繁殖期为4—7月，每次产卵2~4枚。

【中国分布与种群现状】 西南、华南地区，留鸟，常见；华东地区，夏候鸟。

LC（低度关注）。

六

鹃形目
CUCULIFORMES

杜鹃科 Cuculidae

小鸦鹃 *Centropus bengalensis*

【形态】 体略大，体长42 cm，有棕色和黑色鸦鹃。尾长。上背及两翼的栗色较浅且现黑色。中间色型的体羽常见。亚成鸟具褐色条纹。虹膜红色，嘴黑色，脚黑色。

叫声：几声深沉空洞的hoop声，速度上升，音高下降，如倒瓶中水；较褐翅鸦鹃叫声速度快。第二种叫声为三个hup声变成一连串的"logokok-logokok-logokok"声。

【习性】 喜山边灌木丛、沼泽地带及开阔的草地，包括高草地。常栖地面，有时进行短距离的飞行，掠过植被。

【中国分布与种群现状】 河南南部及淮河中下游地区、华中及华东地区，夏候鸟；华南地区及台湾，留鸟。较常见。

LC（低度关注），国家Ⅱ级重点保护野生动物。

七

鹤 形 目
GRUIFORMES

秧鸡科 Rallidae

❶ 黑水鸡 *Gallinula chloropus*

【形态】 体长 24～35 cm。喙黄色，喙基部至额甲鲜红色，虹膜红色。全体大致黑色，额甲端部圆形。尾下覆羽两侧白色，中间黑色，游泳时尾向上翘露出尾下两块白斑，十分明显。两胁具宽阔的白色纵纹，脚绿色。

【习性】 栖息于富有芦苇和水生挺水植物的淡水湿地、沼泽、湖泊、水库、苇塘、水渠和水稻田中。善于游泳和潜水，常在邻近的芦苇和蒲草的明水面上游泳。不善于飞行，飞行缓慢，常常紧贴水面飞行，且飞行距离不远就会落下潜入草丛。

【中国分布与种群现状】 分布范围广，夏候鸟、旅鸟、留鸟。常见。LC（低度关注）。

❷ 白骨顶 *Fulica atra*

【形态】 体长 35～43 cm。虹膜红褐色，喙白色。全身羽毛主要为黑色或暗灰黑色，最显著的特征是额甲为白色，并且喙也为白色。跗跖为灰黄绿色，趾和瓣蹼为灰白色，趾间具瓣蹼，适应水生生活。

【习性】 栖息于水生植物茂密的湿地和静水或近海的水域，善于游泳和潜水。杂食性鸟类，主要以水生植物的嫩芽、叶、根、茎为主食，也吃小鱼、虾、水生昆虫等。除繁殖期外，常成群活动，特别是迁徙季

鹤形目
·秧鸡科·

节，常成数十只，甚至上百只的大群。

【中国分布与种群现状】 分布范围广，夏候鸟、留鸟、冬候鸟，常见。云南部分地区可见少量留鸟。

LC（低度关注）。

八
鹈形目
PELECANIFORMES

（一）鹭科 Ardeidae

❶ 苍鹭 *Ardea cinerea*

【形态】 体长 75～105 cm。喙黄色，上喙尖端黑色，虹膜黄色。头顶中央和颈部为白色，头顶两侧和枕部黑色，羽冠由 4 根细长的羽毛构成，分为两条，位于头顶和枕部两侧，颜色为黑色。背和肩部呈苍灰色，尾羽暗灰色，初级飞羽和初级覆羽黑灰色，内侧次级飞羽灰色。颏和喉部白色，前胸两侧各有一块大的紫黑色斑，沿胸、腹两侧向后延伸，在肛周处汇合。脚偏黑。

【习性】 栖息于江河、湖泊、水塘、沼泽等水域岸边，性格孤僻，常在浅水中捕食。冬季有时成大群，飞行时翼显沉重，停栖于树上。

【中国分布与种群现状】 分布范围广，数量多，常见。

LC（低度关注）。

❷ 大白鹭 *Ardea alba*

【形态】 体长 80～104 cm。喙长且尖，颜色在非繁殖季为黄色，繁殖季转为黑色。全身羽毛洁白无瑕，眼先裸露部分黄绿色，虹膜黄色。颈部细长，具有特别的扭结，繁殖羽时脸颊裸露皮肤蓝绿色，后背部具丝状饰羽延过尾，颈部下方和胸部也有较短的丝状饰羽。脚黑色。

【习性】 栖息于海滨、湖泊、河流、沼泽以及水稻田等各类水域附近。典型的日行性鸟类，活动时间主要在白天和黄昏。以水生生物为食，

鹳形目

· 鹭科 ·

主要食物包括小鱼、虾、软体动物、甲壳动物以及水生昆虫，偶尔也会捕捉青蛙和蝌蚪补充营养。

【中国分布与种群现状】 我国北部、中东部，夏候鸟；西藏南部，南方地区，冬候鸟。常见。

LC（低度关注）。

❸ 白鹭 *Egretta garzetta*

【形态】 体长 52～68 cm。喙黑色，虹膜黄色。繁殖羽纯白，颈背具细长饰羽，背及胸具蓑状羽。脸部裸露皮肤黄绿，繁殖期为淡粉红色；夏羽的成鸟繁殖时枕部着生两条狭长而软的矛状羽，状若双辫。腿和脚黑色，趾黄色。

【习性】 常见于湖泊、河流、沼泽、海滩等水域环境，尤其是浅水区域。喜稻田、河岸、沙滩、泥滩及沿海小溪流，通常在河边、盐田或水田地中边走边啄食，长嘴、长颈和长腿对捕食水中的动物极为便利。成散群进食，常与其他种类混群。有时飞越沿海浅水追捕猎物。夜晚飞回栖处时呈"V"字队形。与其他水鸟一道集群营巢。

【中国分布与种群现状】 除西北地区外，广泛分布。数量多，较常见。

LC（低度关注）。

❹ 中白鹭 *Ardea intermedia*

【形态】 体长 62～70 cm。喙黄色，端部褐色；虹膜黄色。夏羽时，背部和胸部有松软的长丝状羽，嘴及腿部短期内呈粉红色，脸部裸露皮肤灰色。冬羽时，背部和前颈无饰羽。脚和趾黑色。

【习性】 栖息于河流、湖泊、河口、海边和水塘岸边浅水处及河滩上，也常在沼泽和水稻田中活动。常单独、成对或成小群活动，有时也与其他鹭类混群。

【中国分布与种群现状】 北方地区，夏候鸟；长江流域及以南，留鸟。常见。

LC（低度关注）。

❺ 黄嘴白鹭 *Egretta eulophotes*

【形态】 体长46～65 cm。喙黑色，下基部黄色；虹膜黄褐色；脚黄绿至蓝绿色。夏季时，嘴橙黄色，眼先蓝色，脚黑色，背部、两翅生有蓑状长羽，向后延伸超出尾端，前颈基部的蓑羽垂至下胸。趾有四个，黄色，三前一后。冬季时，嘴暗褐色，下嘴基部黄色，眼先黄绿色，脚亦黄绿色，背、肩和前颈无蓑状长羽。

【习性】 栖息于沿海岛屿、海岸、海湾、河口及其沿海附近的江河、湖泊、水塘、溪流、水稻田和沼泽地带。单独、成对或集成小群活动的情况都能见到，偶尔也有数十只的大群。

【中国分布与种群现状】 东部及东南沿海岛，夏候鸟；四川泸沽湖有分布。数量稀少。

VU（易危），国家Ⅰ级重点保护野生动物。

❻ 池鹭 *Ardeola bacchus*

【形态】 体长38～50 cm。喙黑色，粗短而尖，基部较宽，虹膜黄色。夏羽时，头顶至后颈暗灰色，羽缘白色，形成斑驳状。冬羽时，头、颈、上胸等部位的羽色较淡，下体白色，胸侧有暗色斑纹。脚和趾暗黄色，部分个体可能呈现铅灰色。

【习性】 通常栖息于水稻田、池塘、湖泊、水库和沼泽湿地等水域，也见于水域附近的竹林和树上。常单独或成小群活动，有时也集成多达数十只的大群，性情较为大胆。以动物性食物为主，包括鱼、虾、螺、蛙、泥鳅、水生昆虫、蝗虫等，兼食少量植物性食物。

【中国分布与种群现状】 中东部地区，夏候鸟、留鸟，常见。
LC（低度关注）。

❼ 夜鹭 *Nycticorax nycticorax*

【形态】 体长46～60 cm。喙尖细，黑色，头和身体连接的颈部较短，身体粗胖，腿部较长，但略显粗短。虹膜血红色，眼先裸露部黄绿色，脚和趾黄色。头顶、后颈、枕、羽冠及背部黑色，枕部具2～3根狭白色冠羽，下体白色，翅及尾羽灰色；颏、喉白色，颊、颈侧、胸和两肋淡灰色，腹白色。雌雄同色，幼鸟具褐色纵纹及点斑，虹膜黄色，成鸟变为红色，腿部颜色亦由黄绿色变为红黄色。

【习性】 栖息于临近水域的阔叶树林、平原、丘陵地带的农田、沼泽、池塘附近的大树、竹林，白天常隐蔽在沼泽、灌丛或林间，晨昏和夜间活动。喜结群，常成小群于晨、昏和夜间活动。

【中国分布与种群现状】 中东部地区，夏候鸟、留鸟，常见。LC（低度关注）。

❽ 牛背鹭 *Bubulcus ibis*

【形态】 体长 48～53 cm。喙厚，颈粗短，冬羽近全白，脚沾黄绿色。夏羽时，头、颈橙黄色，前颈基部和背中央具羽枝分散成发状的橙黄色长形饰羽，前颈饰羽长达胸部，背部饰羽向后长达尾部，尾和其余体羽白色。虹膜金黄色，喙、眼先、眼周裸露皮肤黄色，跗跖和趾黑色。

【习性】 栖息于平原草地、牧场、湖泊、水库、山脚平原、低山水田、池塘、旱田和沼泽地上。常成对或成 3～5 只的小群活动，有时亦单独或集成数十只的大群。常伴随牛活动，喜欢站在牛背上啄食牛背上的寄生虫，或跟随在耕田的牛后啄食牛翻耕出来的昆虫。

【中国分布与种群现状】 分布范围较广，夏候鸟、留鸟，常见。

【保护级别】 IUCN 红色名录 LC（低度关注）。

（二）鹮科 Threskiornithidae

❶ 黑脸琵鹭 *Platalea minor*

【形态】 体长 60～78 cm。喙长而直，黑色，上下扁平，先端扩大成匙状，与头前部黑色融为一体。全身羽毛大体上为白色。额、喉、脸、眼周和眼先全为黑色，且与嘴之黑色融为一体，形成鲜明的"黑脸"特征。虹膜深红色或血红色，眼先裸露部黄绿色。夏羽时，后枕部有很长的发丝状橘黄色羽冠，项下和前胸还有一个橘黄色的颈圈。脚黑色。

【习性】 一般栖息于内陆湖泊、水塘、河口、芦苇沼泽、水稻田以

鹳形目
·鹮科·

及沿海岛屿和海滨沼泽地带等湿地环境。喜欢群居，每群为3～4只或十几只不等，更多时候与大白鹭、白鹭、苍鹭、白琵鹭、白鹮等涉禽混杂在一起。性情比较安静，常常悠闲地在海边潮间地带、红树林以及咸淡水交汇的基围（即虾塘）及滩涂上觅食，中午前后常栖息在虾塘的土堤上或稀疏的红树林中。

【中国分布与种群现状】 辽东半岛东侧近海的小岛，夏候鸟；东部沿海，旅鸟；东南及华南沿海，包括台湾、香港和海南，冬候鸟。北京、吉林有记录。数量稀少，不常见。

EN（濒危），国家Ⅰ级重点保护野生动物。

❷ 白琵鹭 *Platalea leucorodia*

【形态】 体长60～78 cm。虹膜暗黄色，喙黑色，端黄色，长而扁阔似琵琶，末端变宽成铲状。全身羽毛白色，眼先、眼周、颏、上喉裸皮黄色。夏羽时，头部冠羽黄色，冬羽时纯白。脚黑色。

【习性】 栖息于开阔平原和山地丘陵地区的河流、湖泊、水库岸边及其浅水处，也见于水淹平原、芦苇沼泽湿地、沿海沼泽、海岸红树林、河谷冲积地和河口三角洲等各类生境。常成群活动，偶尔见单只。

【中国分布与种群现状】 西部至东北地区，夏候鸟；南方地区，冬候鸟。较常见。

LC（低度关注），国家Ⅱ级重点保护野生动物。

九

鲣鸟目
SULIFORMES

鸬鹚科 Phalacrocoracidae

普通鸬鹚 *Phalacrocorax carbo*

【形态】 体长77～94 cm。虹膜蓝色，喙黑色，喉部裸露皮肤黄色。通体黑色，头颈具紫绿色光泽，两肩和翅具青铜色光彩，嘴角和喉囊黄绿色，眼后下方白色，繁殖期间脸部有红色斑，头颈有白色丝状羽，下胁具白斑。脚黑色。

【习性】 栖息于河口、水库、河流、湖泊、河塘、沼泽等各类水域环境，有时亦见于沿海地区。善于游泳和潜水，巧于捕鱼为食，常站在水边的岩石或大树上等待食饵。

【中国分布与种群现状】 见于各省份。北方，夏候鸟；南方，冬候鸟。常见。

LC（低度关注）。

十 鸻形目
CHARADRIIFORMES

（一）反嘴鹬科 Recurvirostridae

❶ 黑翅长脚鹬 *Himantopus himantopus*

【形态】 体长约37 cm。喙细长而直，黑色，虹膜粉红。夏羽时，雄鸟额白色，头顶至后颈黑色，或白色而杂以黑色。翕、肩、背和翅上覆羽也为黑色，且富有绿色金属光泽。冬羽和夏羽相似，但颜色较浅。腿及脚淡红色，特别长，易于辨认。

【习性】 栖息于开阔平原草地中的湖泊、浅水塘和沼泽地带。非繁殖期出现于河流浅滩、水稻田、鱼塘和海岸附近之淡水或盐水水塘和沼泽地带。常单独、成对或成小群在浅水中或沼泽地上活动，非繁殖期常集成较大的群。

【中国分布与种群现状】 我国大部分地方都有繁殖，北方种群南迁越冬，常见。云南昆明可见其繁殖。

LC（低度关注）。

❷ 反嘴鹬 *Recurvirostra avosetta*

【形态】 体长40～45 cm。喙黑色，细长且显著向上弯曲，是其最显著的特征。虹膜红褐色。夏羽时，头部、颈部和上体主要为黑色，下体包括胸部和腹部为白色，翅膀和尾部亦主要为白色，带有黑色条纹。冬羽时，颜色较为灰暗，且黑色区域转为暗褐色或灰褐色。脚和趾深蓝灰色。

【习性】 喜在浅咸水或泥滩上觅食，常用独特的侧扫式觅食技巧，主要摄食甲壳类和昆虫。在有暴露的裸土和咸水的浅湖环境中繁殖，筑巢于开阔地面，有时与其他涉禽共栖。善游泳，能在水中倒立，飞行时快速振翅并作长距离滑翔。成鸟佯装断翅以将捕食者从幼鸟身边引开。

【中国分布与种群现状】 繁殖期见于北方各地。南迁越冬。近年来，南方也有繁殖记录，包括香港，较常见。

LC（低度关注）。

（二）鸻科 Charadriidae

❶ 凤头麦鸡 *Vanellus vanellus*

【形态】 体长 29～34 cm。喙黑色，虹膜褐色。头顶具细长而稍向前弯的黑色冠羽，像突出于头顶的角，甚为醒目。鼻孔线形，位于鼻沟里。翅形圆，尾形短圆，尾羽 12 枚。上体具绿黑色金属光泽，尾白而具宽的黑色次端带；头顶色深，耳羽黑色，头侧及喉部污白，胸近黑，腹白色。脚橙褐色。

【习性】 栖息于低山丘陵、山脚平原和草原地带的湖泊、水塘、沼泽、溪流和农田地带。主要吃甲虫、鞘翅目与鳞翅目昆虫、金花虫、天牛幼虫、蚂蚁、石蛾、蝼蛄等昆虫和幼虫，也吃虾、蜗牛、螺、蚯蚓等小型无脊椎动物和大量杂草种子及植物嫩叶。

【中国分布与种群现状】 分布范围广，夏候鸟、旅鸟、冬候鸟，常见。NT（近危）。

❷ 金眶鸻 *Charadrius dubius*

【形态】 体长约 16 cm。喙黑色，下喙基部黄色，虹膜金黄色，眼周金黄色，眼后白斑向上延伸到头顶，左右两侧相连。前胸黑环较宽，飞行时翼上无白带。上体沙褐色，下体白色，具有明显的白色领圈，其下有一条明显的黑色领圈，眼后白斑向后延伸至头顶相连。眼眶金黄色，特征明显。脚橙黄色（在繁殖期时为淡粉红色）。

【习性】 喜在淡水环境活动，常见于沼泽地、水田、河流沿岸等地，有时亦见于河口、盐田等地带。它们常单只或成对活动，偶尔也集成小群，特别是在迁徙季节和冬季。

【中国分布与种群现状】 多数地区，夏候鸟；南方地区，冬候鸟。
LC（低度关注）。

❸ 灰斑鸻 *Pluvialis squatarola*

【形态】 体长约 28 cm。虹膜褐色，喙短厚，黑色。体型较金斑鸻大，头及嘴较大，上体褐灰，下体近白。繁殖期雄鸟下体黑色似金斑鸻，飞行时翼纹和腰部偏白，黑色的腋羽于白色的下翼基部，呈黑色块斑。腿灰色。

【习性】 栖息于池塘、水库、江河浅滩、河边沙滩和沼泽地带，多见结成 3～5 只的小群活动。性情胆怯，机警，不易接近。以小虾、小蟹、小螺和昆虫等为食。在北极圈繁殖，6—7 月在北极苔原草地的凹坑内营巢，每窝产卵 3～4 枚，卵橄榄绿色或黄绿色，具黑褐色斑。

【中国分布与种群现状】 东北地区至东部沿海，旅鸟；南方地区及长江流域，冬候鸟。较常见。

【保护级别】 IUCN 红色名录 VU（易危）。

❹ 环颈鸻 *Charadrius alexandrinus*

【形态】 体长约 16 cm。虹膜褐色，喙黑色。羽毛颜色为灰褐色，常随季节和年龄而变化。额基、两颊、眉纹白色，上额黑色，头顶、枕、后颈沙棕色。眼显白色，有一条黑色横纹，此横纹与过眼线相连。胸两侧各具大型黑色斑。飞行时具白色翼上横纹，尾羽外侧白色明显。雄鸟胸侧具黑色块斑，雌鸟此斑块为褐色。脚黑色。

【习性】 单独或集小群觅食，常与其他涉禽混群于海滩或近海岸多沙草地，也在沿海河流和沼泽地活动。具有很强的返回繁殖地或越冬地的能力。以蠕虫、昆虫、软体动物和小型甲壳类为食，也食植物种子、叶片及其他植物碎片。

【中国分布与种群现状】 新疆、青海及东部沿海省份繁殖；种群南迁越冬。甚常见。

LC（低度关注）。

❺ 蒙古沙鸻 *Charadrius mongolus*

【形态】 体长约 20 cm。喙黑色，虹膜褐色。夏羽时，额部颜色为白色、黑色或仅具白斑，头顶前部有一条黑色横带，连于两眼之间，将白色额部和头顶分开。眼先、贯眼纹和耳羽黑色，其上后方有一块白色眉斑，后颈棕红色，向两侧延伸至上胸与棕红色胸部相连，形成一个完整的棕红色颈环。冬羽和夏羽相似，但所有的黑色和棕红色均变为褐色。脚深灰色。

【习性】 栖息于沿海海岸、沙滩、河口、湖泊、河流等水域岸边,以及附近沼泽、草地和农田地带,也出现于荒漠、半荒漠和高山地带的水域岸边及其沼泽地上,有时也到离水域较远的草原、田野进行活动和觅食。常单独活动,有时也见成对或成小群活动,特别是冬季常集成大群。

【中国分布与种群现状】 分布范围较广,夏候鸟、旅鸟、冬候鸟,常见。

【保护级别】 IUCN 红色名录 EN(近危)。

❻ 铁嘴沙鸻 *Charadrius leschenaultii*

【形态】 体长约 21 cm。喙短且粗,黑色,虹膜暗褐色。成鸟冬羽前头和眉斑白色;头顶和后头灰褐色,羽轴黑褐色,边缘浅灰。上体余部灰褐色,羽干黑褐色,羽缘浅灰。尾上覆羽灰色较浅,尾羽暗褐,末端白色,外侧尾羽全白。飞羽黑褐色,内侧初级飞羽外翈有些白斑。脚和趾黄灰色,常带有肉色或淡绿色。

【习性】 栖息于小岛、海岸滩涂、江河、湖泊、水库、河口、内陆河流、农田、湖泊滩地、沼泽草甸和草地等。单独或成小群活动,常见 3~5 只结成小群活动,时而急走几步,时而停下在泥滩觅食,而后又急走几步,边走边鸣叫。性情机警,不易接近。

【中国分布与种群现状】 新疆北部及内蒙古西部,夏候鸟;中东部大部分省份,旅鸟。

LC(低度关注)。

❼ 金斑鸻 *Pluvialis fulva*

【形态】 体长约 25 cm。喙短厚，黑色，虹膜褐。冬羽金棕色，过眼线、脸侧及下体均色浅。翼上无白色横纹，飞行时翼衬不成对照。繁殖期雄鸟脸、喉、胸前及腹均为黑色；脸周及胸侧白色。雌鸟下体也有黑色，但不如雄鸟多。脚灰色。

【习性】 栖息于沿海海滨、湖泊、河流、水塘岸边，及其附近沼泽、草地、农田和耕地上。常单独或成小群活动，主要以甲虫，鞘翅目、鳞翅目和直翅目昆虫，蠕虫，小螺，软体动物和甲壳类等动物性食物为食。

【中国分布与种群现状】 大部分地区，旅鸟；西南、华南地区及台湾，冬候鸟。较为常见。

LC（低度关注）。

（三）鹬科 Scolopacidae

❶ 中杓鹬 *Numenius phaeopus*

【形态】 体长 38～45 cm。喙黑色、细长而向下弯曲呈弧状，虹膜黑褐色。头部和颈部淡褐色，具有黑色纵纹；头顶具乳黄色中央冠纹，头两侧具黑色侧冠纹，眉纹皮黄色。背部黑褐色，具皮黄色和白色斑纹。下体淡褐色，胸部具有黑褐色纵纹，两胁具黑褐色横斑。飞翔时可见腰和尾上覆羽白色。脚蓝灰色或青灰色。

【习性】 喜栖息于沿海泥滩、河口潮间带、沿海草地、沼泽及多岩石海滩，通常结小群至大群，常与其他涉禽混群。常单独或成小群活动和觅食，但在迁徙时和在栖息地时则集成大群。

【中国分布与种群现状】 分布范围较广，留鸟、冬候鸟，较常见。

LC（低度关注）。

❷ 大杓鹬 Numenius madagascariensis

【形态】 体长约 63 cm。虹膜褐色，喙黑色，基部粉红色。喙特长而下弯，喙长为头长的 3 倍以上。全身黄褐色，头、颈、胸密布黑褐色条纹，下体具暗褐色条纹。翅下覆羽白色，但密布黑褐色斑纹。下背、腰及尾上覆羽与上背同为黄褐色。脚灰色。

【习性】 栖息于低山丘陵和平原地带的河湾、湖泊、芦苇沼泽、水塘及附近开展湿地。单独或集小群活动觅食，休息时或夜间栖息常集成群，性情胆怯。主要以甲壳类、软体动物、蠕形动物、昆虫的幼虫为食，有时也吃鱼类、爬行类和无尾两栖类等脊椎动物。

【中国分布与种群现状】 除新疆、西藏、云南、贵州外，各地均有分布，旅鸟，不常见。

EN（濒危），国家Ⅱ级重点保护野生动物。

❸ 白腰杓鹬 Numenius arquata

【形态】 体长 50～60 cm。虹膜褐色，喙褐色。顶和上体淡褐色，头、颈、上背具黑褐色羽轴纵纹；飞羽为黑褐色与淡褐色相间横斑，颈与前胸淡褐色，具细黑褐色纵纹。腰白色，尾羽白色且有黑褐色横斑；翅下覆羽也是白色；下体淡褐色，自头侧向下至胸有黑褐色纵纹，腹以下白色。脚青灰。

【习性】 喜潮间带河口、河岸及沿海滩涂，常在近海处活动。多见单独活动，有时结小群或与其他种类混群。性情机警，活动时步履缓慢稳重，并不时地抬头四处观望，一旦发现危险，立刻飞走，并伴随一声"go-ee"的鸣叫。飞行有力，两翅扇动缓慢。

【中国分布与种群现状】 除贵州外，各地均有分布，旅鸟、冬候鸟，常见。

NT（近危），国家Ⅱ级重点保护野生动物。

❹ 青脚鹬 *Tringa nebularia*

【形态】 体长29~34 cm。虹膜黑褐色，喙较长，基部较粗，往尖端逐渐变细和向上倾斜，基部蓝灰色或绿灰色，尖端黑色。头顶至后颈灰褐色，羽缘白色，具有黑褐色羽干纹和窄的白色羽缘。背、肩灰褐或黑褐色，下背、腰及尾上覆羽白色，尾白色，具细窄的灰褐色横斑。眼先、颊、颈侧和上胸白色而缀有黑褐色羽干纹。脚淡灰绿色、草绿色或青绿色，有时为黄绿色或暗黄色。

【习性】 偏好生活在亚北极和温带的森林沼泽地带，包括森林空地、林间沼泽或开阔的沼泽和湿地。繁殖季节在高达1 200 m的地区也有发现。迁徙期间，会出现在内陆的泛洪草地。常单独、成对或成小群于沙滩上觅食，善涉水或奔跑捕捉小型鱼、虾、蟹、螺和昆虫等，还善于成群围捕鱼群。

【中国分布与种群现状】 极北地区，夏候鸟；迁徙时见于各地。南方地区，冬候鸟。常见。

LC（低度关注）。

❺ 红脚鹬 *Tringa totanus*

【形态】 体长约 28 cm。喙长直而尖,基部橙红色,端部黑褐色。虹膜黑褐色,脚亮橙红色,繁殖期变为暗红色,幼鸟橙黄色。上体褐灰色,下体白色,胸部具褐色纵纹。飞行时腰部白色明显,次级飞羽具明显白色外缘,尾上具黑白色细斑。

【习性】 栖息于海滨、江河、泥滩、河岸边、沼泽地,以甲壳类、软体动物、昆虫等为食。通常结成小群活动,也与其他水鸟混群。喜泥岸、海滩、盐田、干涸的沼泽,及鱼塘、近海稻田,偶尔在内陆。

【中国分布与种群现状】 分布范围广,夏候鸟、旅鸟、冬候鸟,较常见。

LC(低度关注)。

❻ 翘嘴鹬 *Xenus cinereus*

【形态】 体长 22~25 cm。喙长而上翘,基部黄色而端部黑色,虹膜褐色。上体灰色,具晦暗的白色半截眉纹;黑色的初级飞羽明显;繁殖期肩羽具黑色条纹;腹部及臀白色。飞行时翼上狭窄的白色内缘明显。脚较短,橙黄色。

【习性】 喜沿海泥滩、小河及河口,进食时与其他涉禽混群,但飞行时不混群。通常单独或一两只在一起活动,偶成大群。

【中国分布与种群现状】 东部沿海地区,旅鸟,较常见。

LC(低度关注)。

❼ 翻石鹬 *Arenaria interpres*

【形态】 体长约 23 cm。虹膜褐色，喙黑色。夏羽时，额基、头顶至后颈黑色，具白色眉纹和黑色贯眼纹；背和肩灰色，腰和尾上覆羽白色，尾黑色。冬羽与夏羽相似，但颜色较淡。脚橙黄色。

【习性】 栖息于岩石海岸、海滨沙滩、泥地和潮间地带，也出现于海边沼泽及河口沙洲。迁徙期间偶尔也出现于内陆湖泊、河流、沼泽以及附近的荒原和砂石地上。结成小群栖于沿海泥滩、沙滩及海岸石岩。有时在内陆或近海开阔处进食。通常不与其他种类混群。在海滩上翻动石头及其他物体找食甲壳类。奔走迅速。

【中国分布与种群现状】 除贵州、四川外，各地均有分布，旅鸟、冬候鸟。云南，旅鸟，偶见。

【保护级别】 IUCN 红色名录 NT（近危），国家Ⅱ级重点保护野生动物。

❽ 泽鹬 *Tringa stagnatilis*

【形态】 体长约 23 cm。虹膜暗褐色，喙短，黑色，嘴基部较淡。雄鸟夏季头颈白色，头顶与枕具细的黑色纵纹；前额白色，有一条黑色横带横跨于两眼之间，并经两眼垂直向下，与黑色颚纹相交。眼先、耳覆羽和喉白色，胸和前颈黑色，两端分别向颈侧延伸，形成两条带斑；前端与黑色颚纹相连，使喉仅中部为白色。其余下体纯白色。背、肩橙红色，具黑、白色斑；下背和尾上覆羽白色，腰具一条黑色横带；尾黑色，外侧 5 对尾羽具窄的白色尖端。脚长，偏绿色。

【习性】 栖息于岩石海岸、海滨沙滩、泥地和潮间地带，也出现于海边沼泽及河口沙洲。迁徙期间偶尔也出现于内陆湖泊、河流、沼泽以及附近的荒原和砂石地上。迁徙时常集成松散的大群。常单独或成小群活动。迁徙期间也常集成大群。

【中国分布与种群现状】 除西藏、贵州外，各地均有分布，夏候鸟、旅鸟、冬候鸟，常见。

LC（低度关注）。

❾ 林鹬 *Tringa glareola*

【形态】 体长约20 cm。喙较短而直，尖端黑色，基部褐绿色或黄绿色，虹膜暗褐色。夏羽时，头和后颈黑褐色，具白色细纵纹，长眉纹白色，贯眼纹黑褐色；肩、背黑褐色，具棕白斑，腰暗褐色，具白色羽缘。中央尾羽黑褐色，具黄白色横斑，外侧尾羽白色，具黑褐色横斑。下体白色，头侧、颈侧具灰色细纹，前颈和上胸灰白色，带黑褐色纵纹。冬羽和夏羽相似，但上体更灰褐，具白色斑点，胸缀有灰褐色，具不清晰的褐色纵纹。脚橄榄绿色、黄褐色、暗黄色和绿黑色。

【习性】 喜沿海泥泞生境，但也出现在内陆高至海拔750 m的稻田和淡水沼泽。通常集成松散小群，多达20余只，有时也与其他涉禽混群。迁徙期间，会集成大群。觅食时，林鹬常在水岸沙石地或浅水中边走边摄食，有时将喙伸入水中探扫取食。主要以直翅目和鳞翅目昆虫以及蠕虫、蜘蛛、虾、软体动物等为食，也吃少量种子。

【中国分布与种群现状】 分布范围广，夏候鸟、旅鸟、冬候鸟，常见。

LC（低度关注）。

❿ 红腹滨鹬 *Calidris canutus*

【形态】 体长约24 cm。喙短且厚，黑色，具浅色眉纹。虹膜深褐色。上体灰色，略具鳞状斑；下体近白，颈、胸及两胁淡皮黄色。飞行时翼具狭窄的白色横纹，腰浅灰。夏季时，上体灰褐色，上面有黑色纹，背部有棕栗色和白色的斑纹，头侧部和下体是栗红色；冬季时，上体灰色，背部有黑白色的纹，下体白色，颊部和胸部有灰褐色的纵纹。脚暗橄榄绿色或黄绿色。

【习性】 繁殖期主要栖息于环北极海岸和沿海岛屿及其冻原地带的山地、丘陵和冻原草甸。冬季主要栖息于沿海海岸、河口，迁徙期间也深入到内陆河流与湖泊。常单独或成小群活动，冬季亦常集成大群觅食。性情胆小，见人很远即飞。主要以软体动物、甲壳类、昆虫、昆虫幼虫等小型无脊椎动物为食，也吃部分植物嫩芽和种子与果实。

【中国分布与种群现状】 东部沿海，旅鸟，地区性常见。
NT（近危）。

⑪ 黑腹滨鹬 Calidris alpina

【形态】 体长 16～22 cm。喙黑色、较长，尖端微向下弯曲，虹膜褐色。夏季背栗红色，具黑色中央斑和白色羽缘。眉纹白色，下体白色，颊至胸有黑褐色细纵纹。腹中央黑色，呈大型黑斑。冬羽上体灰褐色，下体白色，胸侧缀灰褐色。脚黑色。

【习性】 活动于沿海滩涂、河口、沼泽、潟湖、水田、盐池等多种咸淡水湿地生境。栖于海滩的近陆区域和内陆湿地。觅食轻快，伴以旋转、点头和摆尾。常成群活动于水边沙滩、泥地或水边浅水处。性情活跃，善奔跑，常沿水边跑跑停停，飞行快而直。有时也见单独活动。

【中国分布与种群现状】 我国大部分地区，旅鸟；南方地区(包括台湾和海南)，冬候鸟。

【保护级别】 IUCN 红色名录 VU（易危）。

鸻形目

· 鹬科 ·

⑫ 红颈滨鹬 *Calidris ruficollis*

【形态】 体长约15 cm。喙黑色；虹膜褐色。夏羽时，头顶、颈的体羽及翅上覆羽棕色，眼先有暗纹；头顶、后颈和背部满布栗棕色、黑色和灰褐色斑纹。冬羽时，上体灰褐，多具杂斑及纵纹；眉线白；腰的中部及尾深褐；尾侧白；下体白。脚黑色。

【习性】 主要栖息于冻原地带的芦苇沼泽、海岸、湖滨和苔原地带。冬季主要栖息于海边、河口以及附近的盐水和淡水湖泊及沼泽地带。迁徙期间甚至会出现于内陆湖泊与河流地带。喜欢在水边浅水处和海边潮间地带活动和觅食，行动敏捷迅速，常边走边啄食。主要以昆虫、昆虫幼虫、蠕虫、甲壳类和软体动物为食，主要通过地面啄食，有时也将嘴插入泥中探觅食物。

【中国分布与种群现状】 东北地区及东部和南部的沿海省份，旅鸟，较常见；华南沿海及台湾，冬候鸟。

NT（近危）。

⑬ 白腰草鹬 *Tringa ochropus*

【形态】 体长20～24 cm。喙暗橄榄色，端黑，虹膜褐色。额、头顶及枕、颈褐色，眼先、颊灰白。颏和喉白色。上体褐色，各羽边缘缀以灰白或黄褐色的不规则杂斑。肩、背和三级飞羽褐色，微呈古铜色光泽，其余飞羽暗褐色。尾上覆羽和尾羽白色，下体除胸具褐色斑点外其余均白色。脚橄榄绿色。

【习性】 常单独或成对活动，多活动在水边浅水处、砾石河岸、泥地、沙滩、水田和沼泽地上。迁徙期间，常集成小群在放水翻耕的旱地上觅食，尤其喜欢肥沃多草的浅水田。常上下晃动尾，边走边觅食。遇有干扰亦少起飞，而是首先急走，远离干扰者，然后到有草或乱石处隐蔽。若干扰者继续靠近，则突然冲起，并伴随着"啾哩-啾哩"的鸣叫而飞。飞翔疾速，两翅扇动甚快，常发出"呼呼"声响。

【中国分布与种群现状】 分布范围广，夏候鸟、旅鸟、冬候鸟，常见。

LC（低度关注）。

⑭ 矶鹬 Actitis hypoleucos

【形态】 体长16～22 cm。喙短而直，黑褐色，下嘴基部淡色，尖端暗色。虹膜褐色，脚淡黄褐色，具白色眉纹和黑色过眼纹。上体黑褐色，下体白色，肩部具有明显的白色斑点。冬羽更暗淡，翼部条纹更明显，仅近身观察可见。

【习性】 栖息于低山丘陵和山脚平原一带的江河沿岸、湖泊、水库、水塘岸边，也出现于海岸、河口和附近沼泽湿地。它们常单独或成对活动，非繁殖期也成小群。常活动在多砂石的浅水河滩和水中沙滩或江心小岛上。

【中国分布与种群现状】 分布范围广，夏候鸟、旅鸟、冬候鸟，常见。

LC（低度关注）。

⑮ 黑尾塍鹬 Limosa limosa

【形态】 体长36～44 cm。喙长而直，微向上翘，尖端较钝、黑色，基部肉色。虹膜暗褐色。夏羽时，头部、颈部和上胸部栗棕色，腹部白色，背部有黑色、红褐色和白色的斑点，眉纹和尾巴白色；冬羽时，上体灰褐色，下体灰色，头部、颈部和胸部淡褐色。脚黑灰色或蓝灰色。

【习性】 栖息于沿海泥滩、河流两岸及湖泊。食性与斑尾塍鹬相似，

但更偏爱淤泥环境，觅食时头部探入泥中更深，有时甚至头部的大部分都埋在泥里。

【中国分布与种群现状】 除西藏外，各地均有分布，夏候鸟、冬候鸟、旅鸟，较常见。NT（近危）。

⑯ 灰尾漂鹬 *Tringa brevipes*

【形态】 体长16～22 cm。喙粗且直，黑色，下嘴基部黄色，虹膜暗褐色。夏羽时，头顶、后颈、翅和尾等整个上体淡石板灰色，微缀褐色。翅上外侧大覆羽和内侧初级覆羽具窄的白色尖端，尾上覆羽具模糊的白色横斑；初级覆羽和外侧5枚初级飞羽暗灰色或黑色。冬羽似夏羽，但下体无横斑，颈侧和胸缀有灰色或石板灰色，颏、喉、前颈、下腹、肛周和尾下覆羽白色。脚较短而粗，黄色。

【习性】 繁殖期主要栖息和活动于山地砂石河流沿岸，非繁殖期主要栖息于岩石海岸、海滨沙滩、泥地及河口。常单独或成松散的小群活动于水边浅水处。主要在水边浅水处和潮间地带觅食，食物主要为石蛾、毛虫、水生昆虫、甲壳类和软体动物，有时也吃小鱼。

【中国分布与种群现状】 东部地区，旅鸟，较罕见。

【保护级别】 IUCN 红色名录 LC（低度关注）。

⑰ 尖尾滨鹬 *Calidris acuminata*

【形态】 体长约19 cm。喙黑色，虹膜褐色。头顶棕色，眉纹色浅，胸皮黄色，特征为下体具粗大的黑色纵纹。腹白。尾中央黑色，两侧白色。夏季鸟体羽多棕色，通常比斑胸滨鹬鲜亮。脚绿色或黄绿色。

【习性】 繁殖期主要栖息于西伯利亚冻原平原地带，特别是有稀疏小柳树和苔原植物的湖泊、水塘、溪流岸边和附近的沼泽地带。非繁殖期主要栖息于海岸、河口以及附近的低草地和农田地带。常单独或成小群活动，在食物丰富的觅食地，也常集成大群。

【中国分布与种群现状】 东北地区、沿海省份、云南，旅鸟，常见；台湾，冬候鸟。

【保护级别】 IUCN 红色名录 VU（易危）。

⑱ 弯嘴滨鹬 *Calidris ferruginea*

【形态】 体长 19～23 cm。喙较细长，明显地向下弯曲，黑色；虹膜暗褐色。夏羽时，头部和下体栗色，上体黑色，具暗栗色和白色羽缘。冬羽时，头部和上体为浑然一体的灰色，各羽具狭窄的暗色羽干纹，下体白色，胸侧略沾污。脚黑色或灰黑色。

【习性】 栖息于沿海滩涂及近海的稻田和鱼塘。它们通常与其他滨鹬及鹬类混群。主要在水边浅水处和潮间地带觅食，食物主要为石蛾、毛虫、水生昆虫、甲壳类和软体动物，有时也吃小鱼。

【中国分布与种群现状】 除贵州外，各地均有分布，冬候鸟、旅鸟。较常见。

【保护级别】 IUCN 红色名录 VU（易危）。

⑲ 鹤鹬 *Tringa erythropus*

【形态】 体长约 30 cm。喙长且直，繁殖羽黑色且具白色斑点。虹

膜褐色，喙黑色，嘴基红色。夏羽时，头部、颈部和整个下体黑色，眼周有一窄的白色眼圈。尾下覆羽具暗灰色和白色横斑。冬羽时，前额、头顶至后颈灰褐色，上背也是灰褐色，羽缘白色。脚橘黄。

【习性】 栖息在鱼塘、沿海滩涂及沼泽地带。常结群活动，喜欢在沼泽或水域浅水处活动，偏好淡水环境，极少出现在盐沼区域，并且能在水中游泳。鹤鹬以各种水生昆虫及其幼虫、软体动物、甲壳动物、鱼、虾等为食。

【中国分布与种群现状】 分布范围较广，旅鸟、冬候鸟，常见。
LC（低度关注）。

⑳ 半蹼鹬 *Limnodromus semipalmatus*

【形态】 体长约35 cm。喙长且直，黑色，先端略膨胀。虹膜褐色。夏羽时，头顶、颈部棕红色，贯眼纹黑色延伸至眼先。从前额至头顶有密集的黑色纵纹，在两侧形成一条棕红色眉纹；后颈具黑色纵纹；肩羽、内侧次级飞羽和小覆羽具灰色羽缘；下背和腰白色，具黑色中央纹；尾上覆羽具黑白相间横斑；尾具黑褐色和白色相间横斑。冬羽上体暗灰褐色，具白色羽缘；下体白色，头侧、颔、喉、颈、胸和两胁具黑褐色斑点，下胸、两胁和尾下覆羽具黑褐色横斑。脚和趾黑褐色。

【习性】 栖息于湖泊、河流及沿海岸边草地和沼泽地。冬季主要在海岸潮间地带和河口沙洲。常单独或成小群活动。性情胆小且机警。主要以昆虫、昆虫幼虫、蠕虫和软体动物为食。常在湖边、河岸、水塘沼泽和海边潮间地带沙滩和泥地上觅食，频繁地将嘴插入泥中直至嘴基。

【中国分布与种群现状】 在东北地区繁殖，东部及南部沿海，旅鸟，罕见。

NT（近危），国家Ⅱ级重点保护野生动物。

㉑ 阔嘴鹬 Calidris falcinellus

【形态】 体长约 17 cm。喙黑色，先端略弯，虹膜褐色。翼角常具明显的黑色块斑并具双眉纹。与黑腹滨鹬平滑下弯的嘴相比，阔嘴鹬的嘴具微小扭结，使其看似破裂。上体具灰褐色纵纹，下体白色，胸部具黑褐色纵纹。脚和趾暗黄。

【习性】 性情孤僻，喜潮湿的沿海泥滩、沙滩及沼泽地区。翻找食物时嘴垂直向下，遇警时蹲伏。常单独活动，偏好砂质或干泥表面，避开岩石或崎岖地面。快速适应新形成的适宜栖息地，如采石场和水库。

【中国分布与种群现状】 新疆、东北地区至华东沿海地区，旅鸟；华南地区，冬候鸟。较常见。

【保护级别】 IUCN 红色名录 VU（易危），国家Ⅱ级重点保护野生动物。

㉒ 大滨鹬 Calidris tenuirostris

【形态】 体长 26～30 cm。喙较长且厚，喙端微下弯；虹膜褐色；夏羽时，头顶具纵纹；非繁殖期胸及两侧具黑色斑点，远处看似深色胸带；腰及两翼具白色横斑。春夏季的鸟胸部具黑色大点斑，翼具赤褐色横斑。脚绿灰色。

【习性】 主要栖息于海岸、河口沙洲及其附近沼泽地带，迁徙期间

鸻形目

· 鸥科 ·

亦见于开阔的河流与湖泊沿岸地带。常成群活动在河口沙滩和海岸潮间带。主要以甲壳类、软体动物、昆虫和昆虫幼虫为食。觅食时常将嘴插入泥中探觅食物，也常沿水边浅水处或水边沙滩和泥地上边走边觅食。

【中国分布与种群现状】 东部沿海，旅鸟，已较为少见。

EN（濒危），国家Ⅱ级重点保护野生动物。

㉓ 扇尾沙锥 *Gallinago gallinago*

【形态】 体长 25～27 cm。虹膜褐色，喙褐色。色彩明快，两翼细而尖，脸皮黄色，眼部上下条纹及贯眼纹色深；上体深褐，具白及黑色的细纹及蠹斑；下体淡皮黄色，具褐色纵纹。脚橄榄色。

【习性】 栖息于平原地带的湖泊、河流、沼泽等淡水水域，尤喜植被湿地。常单独或成小群活动，迁徙越冬时有时集成大群。晨昏觅食，将喙插入泥中探寻食物。主食蚂蚁、金针虫、小甲虫等小型昆虫，以及蠕虫、蚯蚓和蜘蛛等小型无脊椎动物。

【中国分布与种群现状】 分布范围极广，北方地区，夏候鸟；南方，冬候鸟。是我国最常见的沙锥。

LC（低度关注）。

（四）鸥科 Laridae

❶ 红嘴鸥 *Chroicocephalus ridibundus*

【形态】 体长 37～43 cm。喙红色，亚成鸟嘴尖黑色；虹膜褐色。夏羽时，眼后具黑色斑点，深巧克力褐色的头罩延伸至顶后，于繁殖期延至白色的后颈。翼前缘白色，翼尖的黑色并不长，翼尖无或微具白色斑点。冬羽时，眼后具黑色斑点，翼前缘白色，翼尖的黑色并不长，翼尖无或微具白色斑点。脚红色（亚成鸟色较淡）。

【习性】 栖息于平原和低山丘陵地带的湖泊、河流、水库、河口、鱼塘、海滨和沿海沼泽地带。常成小群活动，冬季在越冬的湖面

上常集成近百只的大群，或在水面上空振翅飞翔，或荡漾于水面。休息时多站在水边岩石或沙滩上，也漂浮于水面休息。有时也出现于城市公园湖泊，以鱼虾、昆虫为食。

【中国分布与种群现状】 繁殖期见于西北和东北地区，迁徙见于大部分省份（黄河流域及以南地区），常见。

LC（低度关注）。

❷ 黑嘴鸥 *Saundersilarus saundersi*

【形态】 体长约 33 cm。喙粗短、黑色，虹膜褐色。夏羽时，头、颈后黑色，眼上、下具白色星月形斑。冬羽时，头白色，眼后耳区有黑色斑点，头顶有淡褐色斑。幼鸟和成鸟冬羽相似，但背微沾褐色，头顶有暗褐色斑。脚红色。

【习性】 常成十多只小群活动，栖息活动于近海、滩涂等湿地。主要以小鱼、甲壳类、蠕虫、昆虫、昆虫幼虫等为食。繁殖期为 5—6 月，小群营巢于开阔的沿海滩涂地带。

【中国分布与种群现状】 辽宁至江苏沿海，夏候鸟；浙江至广东沿海，以及台湾、海南，冬候鸟。不常见。

VU（易危），国家 I 级重点保护野生动物。

鸻形目

· 鸥科 ·

❸ 黑尾鸥 *Larus crassirostris*

【形态】 体长约 47 cm。喙黄色，尖端红色，具黑色环带；虹膜淡黄色，眼睑朱红色；头、颈白色；背和两翼深灰色，两翼长而窄，外侧初级飞羽黑色，次级飞羽深灰色，尖端白色，形成翅的白色后缘，合拢的翼尖上具四个白色斑点；腰、尾上覆羽及整个下体为白色；尾白色而具宽大的黑色次端带；脚黄色，爪黑色。

【习性】 栖息于海岸附近的沙滩、草地、悬崖及湖泊等地。常成群活动，捕食海面上层鱼类，也吃虾、软体动物、水生昆虫和废弃食物。

【中国分布与种群现状】 辽宁至华东沿海，夏候鸟；整条海岸线，旅鸟；华南沿海，冬候鸟。

LC（低度关注）。

❹ 白翅浮鸥 *Chlidonias leucopterus*

【形态】 体长 20～26 cm。喙暗红色，冬季黑色；虹膜暗褐色；夏羽时，头、颈、背及胸黑色，与白色尾及浅灰色翼成明显反差；翼上近白，翼下覆羽明显黑色。冬羽时，上体浅灰，头后具灰褐色杂斑，下体白。脚红色，冬季暗紫红色，爪黑色。

【习性】 喜沿海地区、港湾及河口，以小群活动；也至内陆稻田及沼泽觅食。取食时低低掠过水面，顺风而飞捕捉昆虫。常栖于杆状物上。常成群活动，在水面低空飞行，觅食时能通过频频鼓动两翼，使身体停浮于空中观察，发现食物即刻冲下捕食。

【中国分布与种群现状】 分布范围广，夏候鸟、旅鸟、迷鸟，常见。

LC（低度关注）。

❺ 灰翅浮鸥 Chlidonias hybrida

【形态】 体长约 25 cm。喙红色（繁殖期）或黑色，虹膜深褐色。夏羽时，腹部深色，尾浅分叉，额黑，胸腹灰色；非繁殖期，额白，头顶具细纹，顶后及颈背黑色，下体白，翼、颈背、背及尾上覆羽灰色。幼鸟似成鸟，但具褐色杂斑，与非繁殖期白翅浮鸥区别在于其头顶黑，腰灰色，无黑色颊纹。脚红色。

【习性】 栖息于内陆河流、湖泊、河口、沼泽、池塘以及沿海沼泽地区。

【中国分布与种群现状】 除西藏、贵州外，各地有分布。夏候鸟、冬候鸟、迷鸟，常见。

LC（低度关注）。

❻ 鸥嘴噪鸥 Gelochelidon nilotica

【形态】 体长 31～39 cm。喙黑色且粗壮，虹膜褐色。夏羽时，额、头顶、枕和头两侧从眼和耳羽以上黑色，背、肩、腰和翅上覆羽珠灰色。冬羽时，上体灰色，下体白色，头白色，颈背具灰色杂斑，眼前有一小的黑色条纹；耳区有一烟灰色黑斑。脚黑色。

【习性】 取食时通常轻掠水面或于泥地捕食甲壳类及其他猎物，很少潜入水中。单独或成小群活动，常出入于海滨、河口及湖边沙滩和泥地。

【中国分布与种群现状】 西北、华北、东北地区，夏候鸟。迁徙及越冬见于东部及南部沿海。

LC（低度关注）。

鸽形目

· 鸥科 ·

❼ 西伯利亚银鸥 *Larus smithsonianus*

【形态】 体长 55～73 cm。喙黄色，上具红点，虹膜浅黄至偏褐。冬羽时，头及颈背具深色纵纹，并及胸部；通常三级飞羽及肩部具白色的宽月牙形斑。合拢的翼上可见多至 5 枚大小相等的突出白色翼尖。飞行时于第 10 枚初级飞羽上可见中等大小的白色翼镜，第 9 枚具较小翼镜。脚粉红色。

【习性】 叫声非常嘹亮，飞行时轻快敏捷，常利用空气中的热气流滑翔以节省体力。属杂食性鸟类，主要以小鱼、虾、甲壳类、昆虫等小型动物为食。

【中国分布与种群现状】 东部地区及新疆西北部，冬候鸟、旅鸟，常见。

LC（低度关注）。

❽ 红嘴巨燕鸥 *Hydroprogne caspia*

【形态】 体长 49～53 cm。虹膜褐色，喙形大呈红色，喙尖偏黑。成鸟羽白色，亚成鸟上体显褐色横斑，两翼具褐色杂点，有着典型的燕尾。顶冠深黑（冬季白并具纵纹）。脚黑色。

【习性】 栖息和繁殖于沿海海岸、内陆河口、湖泊等水域的红树林中，经常结群在岛屿的地面上筑巢。喜吃昆虫，主要靠潜入水中捕食小型鱼类和甲壳动物。常单独或成小群活动，频繁地在水面低空飞翔，飞行敏捷而有力，两翅煽动缓慢而轻。

【中国分布与种群现状】 东北至华东沿海，夏候鸟；华东及华南地区沿海，旅鸟、冬候鸟。云南有记录，较常见。

LC（低度关注）。

❾ 普通燕鸥 *Sterna hirundo*

【形态】 体长 31～38 cm。喙黑色或带红色，虹膜褐色。头顶黑色，背、肩和翅上覆羽鼠灰色或蓝灰色。夏羽时，整个头顶部黑色，背、肩和翅上覆羽鼠灰色或蓝灰色，颈、腰、尾上覆羽和尾白色，外侧尾羽延长，羽缘黑色。非繁殖期时，上体灰色，头侧有黑色纵纹，下体白色，胸侧有褐色纵纹。脚红色或橘黄色。

【习性】 沿海水域，有时见于内陆淡水中。停歇于突出区域如浮台和岩石。飞行时轻快而有力，从高处俯冲潜入海中觅食。常呈小群活动，频繁地飞翔于水域和沼泽上空，以小鱼、虾、甲壳类、昆虫等小型动物为食。

【中国分布与种群现状】 西北、东北、华北地区和青藏高原，夏候鸟；南方各地，旅鸟。

LC（低度关注）。

（五）燕鸻科 Glareolidae

普通燕鸻 *Glareola maldivarum*

【形态】 体长 20～28 cm。喙短，基部较宽，尖端较窄而向下曲，颜色为黑色，嘴基猩红。虹膜深褐色。夏羽时，头顶灰褐沾棕，后颈、颈侧、肩、背、翅内侧覆羽橄榄褐色或棕灰褐色，耳羽微缀棕栗色。喉部和上胸淡灰色带有一黑色半环。冬羽和夏羽相似，但嘴基无红色，喉斑淡褐色，外缘黑圈不明显，且无白圈。脚深褐色。

【习性】 栖息于开阔平原地区的湖泊、河流、水塘、农田、耕地和沼泽地带，也出现于水域附近的潮湿沙地或草地上。非繁殖期常成群，飞行迅速，长时间地在河流、湖泊和沼泽等水域上空飞翔，边飞边叫，声尖锐，似"gi-gi-i"。

【中国分布与种群现状】 除新疆、西藏、贵州地区外，各地均有分布，夏候鸟、旅鸟，常见。台湾，留鸟。

LC（低度关注）。

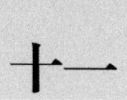

十一

鹰 形 目
ACCIPITRIFORMES

鹰科 Accipitridae

❶ 黑翅鸢 *Elanus caeruleus*

【形态】 体长约 30 cm。喙黑色，蜡膜黄色。虹膜红色，眼先和眼上有黑斑。前额白色，头顶逐渐变为灰色。后颈、背、肩、腰一直到尾上覆羽蓝灰色。翅上小覆羽和中覆羽黑色，大覆羽后缘，次级和初级飞羽蓝灰色，初级飞羽暗灰色，外侧 7 枚具黑色尖端。中央尾羽灰色，尖端缀有沙皮黄色，两侧尾羽灰白色，尖端缀有皮黄色，其余具暗灰色羽轴。整个下体和翅下覆羽白色，但初级飞羽下表面黑色，次级飞羽灰色，具淡色尖端。脚黄色。

【习性】 栖息于开阔原野、农田、疏林和草原地区，从平原到 4 000 m 以上的高山均见有踪迹。主要以田间鼠类、昆虫、小鸟、野兔和爬行类为食。

【中国分布与种群现状】 南方地区较常见，留鸟、夏候鸟。
LC（低度关注），国家 II 级重点保护野生动物。

❷ 普通𫛭 *Buteo japonicus*

【形态】 体长 50～59 cm。喙灰色，端黑，蜡膜黄色；虹膜黄色至褐色。上体主要为暗褐色，下体主要为暗褐色或淡褐色，具深棕色横斑或纵纹。翱翔时两翅微向上举成浅"V"字形，尾羽为淡灰褐色，具有多道暗色横斑。脚黄色。

【习性】 常见在开阔平原、荒漠、旷野、开垦的耕作区、林缘草地和村庄上空盘旋翱翔。以森林鼠类为食,食量甚大,除啮齿类外,也吃蛙、蜥蜴、蛇、野兔、小鸟和大型昆虫等动物性食物,有时亦到村庄捕食鸡等家禽。

【中国分布与种群现状】 分布范围广,夏候鸟、冬候鸟、旅鸟,较常见。

LC(低度关注),国家Ⅱ级重点保护野生动物。

十二

佛法僧目
CORACIIFORMES

翠鸟科 Alcedinidae

❶ 普通翠鸟 *Alcedo atthis*

【形态】 体长 16～18 cm。喙黑色，虹膜褐色。雄鸟具有橘红色眉纹、黑色眼纹、橘红色耳羽，白色颈带，上体和尾部亮湛蓝色，翅膀暗绿带浅蓝斑点，下体橙棕色，颏白。雌鸟上体羽色较雄鸟稍淡，多蓝色，少绿色，头顶部为暗绿黑色，具灰蓝色光泽。幼鸟色黯淡，具深色胸带。脚和趾朱红色，爪黑色。

【习性】 栖息于有小鱼的淡水或咸水环境，偏好河流、溪流、运河和池塘。冬季向沿海迁移，常见于河口、港口和岩石海岸。以鱼为主食，也捕食水生昆虫、甲壳类、两栖动物等。

【中国分布与种群现状】 分布范围广，夏候鸟、冬候鸟、留鸟，较常见。

LC（低度关注）。

❷ 白胸翡翠 *Halcyon smyrnensis*

【形态】 体长 26～30 cm。喙粗长似凿，基部较宽，嘴峰直，虹膜暗褐色，喙呈珊瑚红以至赤红。峰脊圆，两侧无鼻沟；翼圆，第 1 片初级飞羽与第 7 片初级飞羽等长或稍短，第 2、3、4 片几近等长，尾圆形。成鸟的颏、喉、胸部中央纯白；头的余部、后颈、颈侧以及下体余部均呈深赤栗色，两肋稍淡；上背、肩及三级飞羽蓝绿色；下背、腰及尾上

佛法僧目
·翠鸟科·

覆羽均呈辉翠绿色；脚和趾均呈珊瑚红色。

【习性】 栖息于山地森林和山脚平原河流、湖泊岸边，也出现于池塘、水库、沼泽和稻田等水域岸边，有时亦远离水域活动。以昆虫为主要食料，常见在松林中捕食松毛虫，对森林保护起到一定作用。

【中国分布与种群现状】 南方地区，留鸟，常见。

LC（低度关注），国家Ⅱ级重点保护野生动物。

十三 隼形目 FALCONIFORMES

隼科 Falconidae

❶ 红隼 *Falco tinnunculus*

【形态】 体长31~38 cm。喙灰色而端黑色，长度较短，先端两侧具明显齿突，基部被黄色蜡膜覆盖，且蜡膜上无显著须状羽。眼睛的下面有一条垂直向下的黑色口角髭纹。雄鸟头顶及颈背灰色，尾蓝灰无横斑，上体赤褐略带黑色横斑，下体皮黄而具黑色纵纹。雌鸟体型略大，上体全褐，比雄鸟少赤褐色而多粗横斑。虹膜暗褐色；脚和趾黄色，爪黑色。

【习性】 栖息于山地森林、森林苔原、低山丘陵、草原、旷野、森林平原、农田耕地和村庄附近等各类生境中，尤以林缘、林间空地、疏林和有稀疏树木生长的旷野、河谷和农田地区较为常见。主要以昆虫、小型鸟类、鼠类、蛙、蜥蜴、蛇等小型脊椎动物和无脊椎动物为食，捕食方式主要是在空中盘旋搜寻，并迅速俯冲捕捉猎物。

【中国分布与种群现状】 分布范围广，夏候鸟、留鸟、冬候鸟，常见。LC（低度关注），国家Ⅱ级重点保护野生动物。

❷ 游隼 *Falco peregrinus*

【形态】 体长38~50 cm。喙黑灰色，蜡膜黄色。虹膜黑色，眼周黄色。成鸟头顶及脸颊近黑色，上体深灰具黑色斑点及横纹；下体白色，胸部具黑色纵纹，腹部、腿部和尾下多具黑色横斑。腿和脚黄色。雌鸟

比雄鸟体大。

【习性】 主要栖息于山地、丘陵、荒漠、沼泽与湖泊沿岸地带，也到开阔的农田、耕地和村屯附近活动。性情凶猛，主要捕食野鸭、鸥、鸠鸽类、乌鸦和鸡类等中小型动物，偶尔也捕食鼠类和野兔等小型哺乳动物。

【中国分布与种群现状】 分布范围广，留鸟、冬候鸟、旅鸟、夏候鸟，不常见。

LC（低度关注），国家Ⅱ级重点保护野生动物。

❸ 红脚隼 *Falco amurensis*

【形态】 体长25～30 cm。喙灰色，眼周和鼻部的蜡膜橙红色。雄鸟上体大都为石板黑色；颏、喉、颈侧、胸、腹部淡石板灰色，胸部具有细的黑褐色羽干纹。雌鸟额部白色，顶冠灰色并具黑色纵纹，背部和尾部灰色，喉部白色，眼下具偏黑色髭纹，下体乳白色，胸部具醒目的黑色纵纹，腹部具黑色横斑，翼下白色并具黑色斑点和横斑。脚红色。

【习性】 栖息于低山疏林、林缘、山脚平原、丘陵地区的沼泽、草地、荒野、农田耕地等环境。迁徙时亦见于城市中。黄昏后捕捉昆虫，有时似燕鸻集群觅食。迁徙时集大群，多至数百只，常与黄爪隼混群，停歇在电线上。

【中国分布与种群现状】 中、东部地区，夏候鸟、旅鸟，较常见。

LC（低度关注），国家Ⅱ级重点保护野生动物。

十四 雀形目
PASSERIFORMES

（一）鹡鸰科 Motacillidae

❶ 白鹡鸰 *Motacilla alba*

【形态】 体长16~20 cm。喙黑色，虹膜黑褐色。额、头侧及颏、喉白色，有黑色过眼纹。上体自黑色至深灰色，尾羽黑色，外侧尾羽具显著白斑。翼上覆羽及飞羽具白斑，使翅呈黑白两色。下体白色，胸部具宽窄不等的黑色胸带。脚黑色。

【习性】 主要栖息于河流、湖泊、水库、水塘等水域岸边，也栖息于农田、湿草原、沼泽等湿地。鸣声清脆响亮，飞行姿势呈波浪式，有时也较长时间地站在一个地方，尾上、下摆动。

【中国分布与种群现状】 分布范围广，留鸟、夏候鸟、冬候鸟，常见。LC（低度关注）。

❷ 黄鹡鸰 *Motacilla tschutschensis*

【形态】 体长15~19 cm。喙黑色，基部较淡；虹膜褐色。上体主要为橄榄绿色或草绿色，头顶和后颈多为灰色、蓝灰色、暗灰色或绿色，额稍淡，眉纹白色、黄色或无眉纹。翅上覆羽和飞羽黑褐色，具黄白色端斑，在翅上形成两道翅斑。尾较长，主要为黑色，外侧两对尾羽主要为白色。下体鲜黄色，胸侧和两胁有的沾橄榄绿色，有的颏为白色。脚铅灰色或灰黑色。

【习性】 栖息于低山丘陵、平原以及海拔 4 000 m 以上的高原和山地。常在林缘、林中溪流、平原河谷、村野、湖畔和居民点附近活动。多成对或成 3～5 只的小群，迁徙期亦见数十只的大群活动。喜欢停栖在河边或河心石头上，尾不停地上、下摆动。

【中国分布与种群现状】 分布范围广，夏候鸟、冬候鸟、旅鸟，常见。

LC（低度关注）。

❸ 灰鹡鸰 *Motacilla cinerea*

【形态】 体长 16～19 cm。喙黑褐色，虹膜褐色。前额、头顶至背部概为灰色；腰和尾上覆羽黄绿色；眉纹和颚纹白色；颏、喉至上胸白色（有的稍沾黄色）或黑色（夏羽）。胸、腹部至尾下覆羽鲜黄色。雄性成鸟夏羽时颏部黑色，而雌性及非繁殖期的雄性则为白色。脚暗绿色或角褐色。

【习性】 常光顾多岩溪流并觅食于潮湿砾石或沙地上，亦见于高山草甸。它们常单独或成对活动，有时也集成小群或与白鹡鸰混群。飞行时两翅一展一收，呈波浪式前进，并不断发出"ja-ja-ja-ja"的鸣叫声。

【中国分布与种群现状】 分布范围广，夏候鸟、旅鸟、冬候鸟，较常见；台湾，留鸟。

LC（低度关注）。

❹ 树鹨 *Anthus hodgsoni*

【形态】 体长 14～16 cm。喙较细长，先端具缺刻；翅尖长，内侧飞羽（三级飞羽）极长，几与翅尖平齐；尾细长，外侧尾羽具白斑。虹膜红褐色，上嘴黑色，下嘴肉黄色，跗蹠和趾肉色或肉褐色。上体橄榄绿色或绿褐色，头顶细密黑褐色纵纹到背部逐渐不明显；眼先黄白色或棕色，眉纹自喙基起棕黄色，后转为白色或棕白色，具黑褐色贯眼纹；下背、腰至尾上覆羽为橄榄绿色，无纵纹或纵纹极不明显。脚粉红色。

【习性】 常活跃于林缘、疏林、山地草甸及村庄附近田园。多成对或小群在地面奔跑觅食昆虫、草籽，受惊即飞向附近树上，发出尖细"chi-chi-chi"声。鸣唱为清晰上扬的"tsee-tsee-see"，站立时常上、下摆尾。

【中国分布与种群现状】 分布范围广，夏候鸟、旅鸟、冬候鸟，常见。LC（低度关注）。

❺ 北鹨 *Anthus gustavi*

【形态】 体长14～16 cm。喙细长，先端具缺刻，颜色为黑色；虹膜红褐色；眼先和眼周白色，耳羽栗色。上体棕褐色，具黑褐色纵纹；眉纹淡棕白色；翅上具2道棕黄色翅斑；下体白色，胸和两胁沾棕黄，并具粗著的黑色纵纹；最外侧一对尾羽大都白色，次一对尾羽仅尖端具小的三角形白斑。脚和趾肉色或肉褐色。

【习性】 偏爱沿海湿地、沼泽及开阔草甸。多成对或小群在潮湿地面觅食，受惊即飞向附近树上，发出尖细"chi-chi-chi"声。鸣唱独具特色，为单调平直的"pip-pip-pi"声。沿海林区停栖时尾亦上、下摆动。

【中国分布与种群现状】 黑龙江，夏候鸟；东北至华南沿海各地，包括台湾，旅鸟。新疆有记录。

LC（低度关注）。

❻ 田鹨 *Anthus richardi*

【形态】 体长 15～19 cm。喙较细长，先端具缺刻。虹膜褐色。翅尖长，内侧飞羽（三级飞羽）极长，几与翅尖平齐。尾细长，外侧尾羽具白色端斑，上体主要为黄褐色或棕黄色，头顶、两肩和背具暗褐色纵纹，后颈和腰纵纹不显著或无纵纹。下体淡棕白，仅胸部棕色较浓并具黑色斑点或条纹。脚和趾肉色或肉褐色。

【习性】 主要栖息于开阔平原、草地、河滩、林缘灌丛、林间空地以及农田和沼泽地带。在中国主要为夏候鸟，部分在南方为冬候鸟或留鸟。常单独或成对活动，迁徙季节亦成群。有时也和云雀混杂在一起在地上觅食。

【中国分布与种群现状】 除西藏外，分布于各地，夏候鸟、留鸟、冬候鸟，较常见。

LC（低度关注）。

（二）椋鸟科 Sturnidae

❶ 八哥 *Acridotheres cristatellus*

【形态】 体长 23～28 cm。喙乳黄色，虹膜橙黄色。全身羽毛黑色且有光泽，嘴和脚黄色，额前羽毛耸立如冠状；两翅有白色斑，飞行时尤为明显，从下面看宛如"八字"，故有八哥之称；尾羽具有白色端。脚黄色。

【习性】 主要栖息于海拔 2 000 m 以下的低山丘陵和山脚平原地带的次生阔叶林、竹林和林缘疏林中，也栖息于农田、牧场、果园和村寨附近的大树上，有时还栖息于屋脊上或田间地头。喜结群，常栖息于大树上，杂食性，常尾随耕田的牛，取食翻耕出来的蚯蚓、蝗虫、蝼蛄等；也在树上啄食榕果、乌桕籽、悬钩子等。

【中国分布与种群现状】 华北地区至西南地区、华南地区及台湾，留鸟，常见。

LC（低度关注）。

❷ 灰椋鸟 *Spodiopsar cineraceus*

【形态】 体长约 20 cm。喙黄色，尖端黑色，虹膜偏红。体羽大部分灰褐色。头顶和后颈黑色，前额和头侧白色，带有黑纹。喉和上胸灰黑色，雄鸟羽色较雌鸟深，头部黑色，头侧白色杂以黑纹，头顶具铜绿色光泽，并有一块白斑，除中央尾羽外，其余羽毛先端均具有白斑。脚暗橘黄色。

【习性】 栖息于低山丘陵至平原的疏林、草甸或农田，常在草地、农田等开阔地觅食，休息时栖于电线或枯枝上。性喜成群，除繁殖期成对活动外，其他时候多成群活动。常在草甸、河谷、农田等潮湿地觅食，休息时多栖于电线、电柱和树木枯枝上。

【中国分布与种群现状】 除西藏外各地均有分布，夏候鸟、冬候鸟，常见。

LC（低度关注）。

❸ 黑领椋鸟 *Gracupica nigricollis*

【形态】 体长 27～30 cm。喙黑色；虹膜深棕色，眼周裸皮黄色。头部和下体白色，具黑色领环，背部暗赤褐色，臀部白色；翅膀为较背部

更深的赤褐色，次级飞羽尖端白色，初级覆羽全白，次级覆羽黑色带显著白尖；尾巧克力色，尾羽尖端白色，外侧尾羽尖端更宽。脚浅灰色。

【习性】 栖息于山脚平原、草地、农田、灌木丛、荒地、草坡等开阔地带。主要在地面觅食，包括在放牧的牛群中寻找食物，通常成对或小群体活动。食物包括蚯蚓、蚱蜢、蟋蟀和种子。

【中国分布与种群现状】 华东、华南地区，留鸟，常见。

LC（低度关注）。

❹ 丝光椋鸟 *Spodiopsar sericeus*

【形态】 体长20～23 cm。喙红色，尖端黑色。雄鸟上体蓝灰色，整个头和颈白色微缀有灰色，有时还沾有皮黄色，这些羽毛狭窄而尖长呈矛状，披散至上颈，悬垂于上胸。背灰色，颈基处较暗，往后逐渐变浅，到腰和尾上覆羽。两翼及尾羽黑色，翼上具白斑。下体灰色，颏喉部近白色，尾下覆羽白色。脚暗橘黄色。雌鸟似雄鸟，但头部为浅褐色，体羽较雄鸟暗淡。

【习性】 喜结群于地面觅食，取食植物果实、种子和昆虫，爱栖息于电线、丛林、果园及农耕区，筑巢于洞穴中。除繁殖期成对活动外，常成3～5只的小群活动，偶尔亦见十多只的大群。常在地上觅食，有时亦见和其他鸟类一起在农田和草地上觅食。性较胆怯，见人即飞，鸣声清甜、响亮。

【中国分布与种群现状】 华北地区至华南地区，留鸟，较常见。

LC（低度关注）。

（三）鹎科 Pycnonotidae

❶ 白头鹎 *Pycnonotus sinensis*

【形态】 体长17～22 cm。喙黑色，虹膜褐色。额至头顶纯黑色而富有光泽，两眼上方至后枕白色，形成一白色枕环，耳羽后部有一白斑，此白环与白斑在黑色的头部均极为醒目。背和腰羽大部分为灰绿色，翼和尾部稍带黄绿色，颏、喉部白色，胸灰褐色，形成不明显的宽阔胸带，腹部白色或灰白色，杂以黄绿色条纹，上体褐灰或橄榄灰色、具黄绿色羽缘，使上体形成不明显的暗色纵纹。脚黑色。

【习性】 常成群出现在平原区灌木丛，丘陵树林地带，以及校园、公园、庭院、行道中的各种高高的电线与树上。性情活泼、不甚畏人，杂食性，既食动物性食物，也吃植物性食物。

【中国分布与种群现状】 分布范围广，留鸟，常见。
LC（低度关注）。

❷ 黑短脚鹎 *Hypsipetes leucocephalus*

【形态】 体长22～26 cm。喙鲜红色，虹膜黑褐色。羽色有两种色型：一种通体黑色；另一种头、颈白色，其余通体黑色。尾呈浅叉状。脚橘红色。

【习性】 主要栖息于低山丘陵或海拔较高的高山中的次生林、阔叶林和针阔混交林及林缘地带。叫声甚多变，包括响亮的尖叫、吱吱声及刺耳哨音，也常有带鼻音的咪叫声。主要以昆虫等动物性食物为食，也吃植物的果实、种子等植物性食物，属杂食性。

【中国分布与种群现状】 西南、华南、华东、华中地区和海南、台湾，留鸟，较常见。

LC（低度关注）。

❸ 领雀嘴鹎 *Spizixos semitorques*

【形态】 体长约 23 cm。喙短厚，上喙下弯，呈象牙色；虹膜褐色。额、头顶黑色，额基近鼻孔处和下嘴基部各有一小束白羽，颊和耳羽黑色具白色细纹。头两侧略杂以灰白色，后头和颈部逐渐转为深灰色。背、肩、腰和尾上覆羽橄榄绿色，尾上覆羽稍浅淡，尾橄榄黄色具宽阔的暗褐至黑褐色端斑。翅上覆羽与背相似，外表呈褐绿色或暗橄榄黄色，飞羽暗褐色，外翈橄榄黄绿色。颏、喉黑色，其后围以半环状白环，延伸至颈的两侧到耳后，胸和两胁橄榄绿色，腹和尾下覆羽鲜黄色。脚淡灰褐色或褐色。

【习性】 栖息于低山丘陵和山脚平原地区，也见于海拔 2 000 m 左右的山地森林和林缘地带。食性较杂，食物主要以植物性食物为主，其中尤以野果占优势，动物性食物主要有金龟子、步行虫等鞘翅目和其他昆虫。

【中国分布与种群现状】 华南（不包括海南）、华中、东南地区和台湾，留鸟，常见。

LC（低度关注）。

（四）伯劳科 Laniidae

❶ 棕背伯劳 *Lanius schach*

【形态】 体长约 25 cm。喙粗壮而侧扁，先端具利钩和齿突，颜色为黑色，虹膜暗褐色。前额黑色，眼先、眼周和耳羽黑色，形成一条宽阔的黑色贯眼纹，头顶至上背灰色（西南亚种黑色）。下背、肩、腰和尾上覆羽棕色，翅上覆羽与背相似，飞羽黑色，内侧飞羽外羽缘棕色，初级飞羽基部白色或棕白色，形成白色翅斑。尾羽黑色，外侧尾羽外翈具棕色羽缘和端斑。

【习性】 喜草地、灌丛、茶林、丁香林及其他开阔地。立于低树枝，猛然飞出捕食飞行中的昆虫，常猛扑地面的蝗虫及甲壳虫。肉食性鸟类，主要以昆虫等动物性食物为食。

【中国分布与种群现状】 南方地区，夏候鸟、留鸟，常见。近年来在新疆天山和华北地区的记录增多。

LC（低度关注）。

❷ 红尾伯劳 *Lanius cristatus*

【形态】 体长约 20 cm。喙黑色；虹膜褐色。前额灰色，眉纹白色，宽宽的眼罩黑色，头顶及上体褐色，下体皮黄。尾羽棕褐色，具有多数深褐色的隐横斑。脚灰黑色。

【习性】 栖息地从海平面至低山，海拔可达 1 800 m。

【中国分布与种群现状】 分布范围广，夏候鸟、冬候鸟、留鸟，常见。

LC（低度关注）。

（五）鹟科 Muscicapidae

❶ 鹊鸲 *Copsychus saularis*

【形态】 体长约 21 cm。喙黑色，健而直，长度为头长的一半或略长。鸟头、胸及背闪辉蓝黑色，两翼及中央尾羽黑，外侧尾羽及覆羽上的条纹白色，腹及臀亦白。尾呈凸尾状，尾与翅几乎等长或较翅稍长。雌鸟似雄鸟，但暗灰取代黑色。亚成鸟似雌鸟但为杂斑。脚黑色。

【习性】 常栖息于村落园圃、树木灌丛，也常见于城市公园中。以昆虫为食，兼吃少量草籽和野果实。性格活泼好动，觅食时常摆尾。

【中国分布与种群现状】 中部及南方地区，留鸟。

LC（低度关注）。

❷ 北红尾鸲 *Phoenicurus auroreus*

【形态】 体长约 15 cm。喙粗健，上喙端部微向下曲；虹膜褐色。雄鸟眼先、头部侧面、喉部、背部和羽翼两侧褐黑色，只有翼斑呈白色；头顶及颈背灰色并有银色边缘；其余部位栗褐色，尾巴中央羽毛深黑褐色。雌鸟褐色，翼斑显著白色，眼圈及尾皮黄色，臀部有时呈棕色。脚黑色。

【习性】 栖息于山地、森林、河谷、林缘和居民点附近的灌丛与低矮树丛中，尤以居民点和附近的丛林、花园、地边树丛较常见。常单独或成对活动，行动敏捷，频繁地在地上和灌丛间跳来跳去啄食虫子，偶尔也在空中飞翔捕食。主要以昆虫为食。

【中国分布与种群现状】 除新疆、西藏、青海外，广泛分布，夏候鸟、冬候鸟，较常见。

LC（低度关注）。

（六）噪鹛科 Leiothrichidae

❶ 画眉 *Garrulax canorus*

【形态】 体长21～25 cm。喙粗健，上喙端部微向下曲，偏黄；虹膜黄色；全身棕褐色，腹面略显浅淡，眼周围有白环，往后延伸呈细长的眉纹状，故名画眉。翼上覆羽橄榄褐色，飞羽暗褐色；胸部有黑色纵向斑纹；腹部污灰色，其余下体为棕黄色。羽为暗褐色且具有不明显的深褐色横斑。脚褐黄色。

【习性】 喜在灌丛中穿飞和栖息，常在林下的草丛中觅食，不善作远距离飞翔。雄鸟在繁殖期极善鸣啭，声音十分洪亮，尾音略似"mo-gi-yiu"。

【中国分布与种群现状】 华中、西南、华南及华东地区，留鸟，常见。

LC（低度关注），国家Ⅱ级重点保护野生动物。

❷ 黑脸噪鹛 *Garrulax perspicillatus*

【形态】 体长28～31 cm。上体呈暗灰色，腹部为灰褐色，喉部和胸部为淡棕色，带有模糊的暗棕色斑点。胸中至腹部颜色渐变为脏黄色，臀部为红褐色。头部灰褐色，带有大面积黑色面罩，覆盖额头、眼周和耳羽。翅膀和尾巴为中棕色，尾巴末端稍带红褐色。虹膜为深棕色至红棕色，喙为暗角质色，腿为灰褐色至红角质色。雌雄相似，幼鸟的面罩

雀形目

· 莺鹛科 ·

较淡，冠部和颈背略带棕色，下体颜色较暖。

【习性】 以小群出现，通常为6～12只，活跃于灌丛、竹丛、芦苇地、农田边缘及城镇公园。取食多在地面进行，主要以昆虫为食，但也吃其他无脊椎动物、植物果实、种子和部分农作物。性情活跃，鸣叫频繁，尤其在夏季。

【中国分布与种群现状】 华南、华东地区，留鸟。较常见。
LC（低度关注）。

（七）莺鹛科 Sylviidae

棕头鸦雀 *Sinosuthora webbiana*

【形态】 体长约12 cm。喙粗而短，颜色为黑褐色；虹膜暗褐色。雌雄羽色相似，额、头顶至后颈有时直到上背均为红棕色或棕色，头顶羽色稍深，眼先、颊、耳羽和夹侧棕栗色或暗灰色。背、肩、腰和尾上覆羽棕褐色或橄榄褐色，有的微沾灰、呈橄榄灰褐色。尾羽暗褐色，基部外翈羽缘橄榄褐色或稍沾橄榄褐色，中央一对尾羽多为橄榄褐色具隐约可见的暗色横斑。脚铅褐色。

【习性】 通常栖息于林下植被及低矮树丛。轻的"呸"声易引出此鸟。主要以甲虫、象甲等昆虫为食，也吃蜘蛛等其他小型无脊椎动物和植物果实与种子等。常成对或成小群活动，性情活泼且大胆，不甚怕人。

【中国分布与种群现状】 东北地区至华南地区及台湾，留鸟，常见。LC（低度关注）。

（八）扇尾莺科 Cisticolidae

❶ 纯色山鹪莺 Prinia inornata

【形态】 体长约 15 cm。喙近黑色，虹膜浅褐色。繁殖羽具浅色眉纹，上体灰褐色，飞羽羽缘红棕色，尾长呈凸状，下体淡皮黄白色。冬羽尾较长，上体红棕褐色，下体淡棕色。脚粉红色。

【习性】 栖息于高草丛、芦苇地、沼泽、玉米地及稻田。性情有几分傲气且活泼。常结小群活动，常于树上、草茎间或在飞行时鸣叫。平时在地面附近觅食，觅食环境较灰头鹪莺开阔。

【中国分布与种群现状】 西南、华中、华东及华南地区，留鸟，较常见。

LC（低度关注）。

❷ 黄腹山鹪莺 Prinia flaviventris

【形态】 体长 12～14 cm。喙近黑色，虹膜橙黄色。头部灰色或近黑色，喉部及胸部为白色，下胸至腹部为黄色。在非繁殖季节，冠部、颈背和头部两侧为灰色，眼上方有不明显的白色眉纹；背部橄榄绿，臀部和尾上覆羽最亮。脚暗黄色。

【习性】 栖息于芦苇沼泽、高草地及灌丛，尤其是河流泛滥平原上的湿地、稻田旁、运河、湖边、河边，甚至红树林陆侧的草丛边缘。食物主要是昆虫及其幼虫，通常单独或成对活动，保持隐蔽，靠近地面觅食。

【中国分布与种群现状】 西南、华东及华南地区，留鸟，较常见。

LC（低度关注）。

❸ 棕扇尾莺 *Cisticola juncidis*

【形态】 体长 9～11 cm。喙褐色；虹膜红褐色。上体栗色，具粗著的黑褐色羽干纹和棕白色眉纹，下背、腰和尾上覆羽黑褐色，尾端白色清晰。下体白色或乳白色，两胁和覆腿羽棕黄色或浅棕色。脚粉红至近红色。

【习性】 栖息于海拔 1 000 m 以下的山脚、丘陵和平原低地灌丛与草丛中，繁殖期间单独或成对活动，领域性强。性情活泼，整天不停地活动或觅食。主要以昆虫和昆虫幼虫为食。

【中国分布与种群现状】 东北地区至华南地区，留鸟，常见。

LC（低度关注）。

（九）苇莺科 Acrocephalidae

❶ 东方大苇莺 *Acrocephalus orientalis*

【形态】 体长约 19 cm。喙粗健，虹膜褐色。雄性成鸟夏羽额至枕部暗橄榄褐色；背橄榄褐色；腰及尾上覆羽橄榄棕褐色；眼先深褐色，耳羽淡棕色。雌性成鸟与雄鸟相似，但羽色较暗淡，体型稍小。脚灰色。

【习性】 喜芦苇地、稻田、沼泽及低地次生灌丛。性情活泼，耐力好，喜欢生活在较湿润的地方，如芦苇地。食物包括水里的小虫子、植物叶子上的小蜗牛、蜘蛛，也会食用植物的果实和种子。

【中国分布与种群现状】 除西藏外，各地均有分布，夏候鸟，常见。LC（低度关注）。

❷ 黑眉苇莺 *Acrocephalus bistrigiceps*

【形态】 体长约 13 cm。喙粗健，虹膜暗褐色，嘴黑褐色，下嘴基淡褐色；上体橄榄棕褐色，眉纹淡黄色，上下方各有一条黑色的条纹，下体接近白色。脚暗褐色。

【习性】 栖于近水的高芦苇丛及高草地。常单独和成对活动，性情机警，行动敏捷，能灵巧地在芦苇茎叶间跳跃穿梭。以鞘翅目、鳞翅目、直翅目等昆虫和昆虫的幼虫为食，也吃蝗虫、甲虫、蜘蛛等其他无脊椎动物性食物。

【中国分布与种群现状】 东北地区至华东地区，夏候鸟、旅鸟；华南地区，冬候鸟、旅鸟。较常见。LC（低度关注）。

雀形目
·燕雀科·

（十）燕雀科 Fringillidae

❶ 金翅雀 *Chloris sinica*

【形态】 体长 12～14 cm。喙细直而尖，基部粗厚，颜色为黄褐色或肉黄色，虹膜为栗褐色。头顶暗灰色，背栗褐色具暗色羽干纹，腰金黄色，尾下覆羽和尾基金黄色，翅上、翅下都有一大块金黄色块斑，无论站立还是飞翔时都很醒目。脚为淡灰红色。

【习性】 栖息于海拔 1 500 m 以下的低山、丘陵、山脚和平原等开阔地带的疏林中。常单独或成对活动，秋冬季节也成群，有时集群多达数十只甚至上百只。飞翔迅速，两翅扇动甚快，常发出呼呼声响。鸣声单调清晰而尖锐，并带有颤音，其声似 "dzi-i-di-i"。

【中国分布与种群现状】 除青藏高原、新疆、甘肃西部外，见于各地，留鸟，常见。

LC（低度关注）。

❷ 黑尾蜡嘴雀 *Eophona migratoria*

【形态】 体长 17～21 cm。喙粗大、黄色，尖端黑色，虹膜黑色。雄鸟头部至颈背黑色，边界有浅色带；雌鸟头部灰褐色，缺乏雄鸟的黑色特征。上体灰褐色，下体颜色略淡，两胁暖色，腹至尾下覆羽白色。脚棕色至粉棕色。

【习性】 栖息于森林、混合林、竹林、花园和果园，不怕人类。繁殖季节单独或成对活动，非繁殖期成群，有时形成数十只的大群。食性为杂食，主要以种子、果实、昆虫为食。

【中国分布与种群现状】 中东部地区，夏候鸟、旅鸟；华南地区，冬候鸟。常见。

LC（低度关注）。

（十一）雀科 Passeridae

❶ 麻雀 *Passer montanus*

【形态】 体长 13~15 cm。喙短粗呈圆锥形，虹膜深褐色。雄性成鸟头顶及颈背栗褐色，中央有一条宽阔的黑色纵纹，其余体羽淡砂棕或棕褐色，且布满黑色条纹。雌性成鸟羽色与雄鸟相似，但黑色条纹较少，且较不明显。幼鸟与成鸟相似，但黑色条纹更少。脚粉褐色。

【习性】 分布广泛，主要见于人类居住区周边，伴人生活。

【中国分布与种群现状】 各地均有分布，留鸟，常见。

LC（低度关注）。

❷ 山麻雀 *Passer cinnamomeus*

【形态】 体长约 14 cm。雄鸟喙灰色，雌鸟黄色而嘴端色深，虹膜褐色。雄鸟顶冠及上体为鲜艳的黄褐色或栗色，上背具纯黑色纵纹，喉黑，脸颊污白。雌鸟色较暗，具深色的宽眼纹及奶油色的长眉纹。脚粉褐色。

【习性】 喜结群，除繁殖期间单独或成对活动外，其他季节多结小群，在树枝或灌丛间飞来飞去或飞上飞下，飞行力较其他麻雀强，活动

雀形目

· 梅花雀科 ·

范围亦较其他麻雀大。冬季常随气候变化移至山麓草坡、耕地和村寨附近活动。

【中国分布与种群现状】 中部和南部地区，留鸟，常见；辽宁，迷鸟。

LC（低度关注）。

（十二）梅花雀科 Estrildidae

❶ 斑文鸟 *Lonchura punctulata*

【形态】 体长10～13 cm。喙粗厚，呈黑褐色，虹膜褐色或暗褐色。上体褐色，下背和尾上覆羽，羽缘白色，形成白色鳞状斑，尾橄榄黄色。颏、喉暗栗褐色，其余下体白色具明显的暗红褐色鳞状斑纹。脚暗铅色或铅褐色。

【习性】 常见于农田和草地，主要以种子为食，适应性强，繁殖时筑巢于低矮树丛或草丛中。

【中国分布与种群现状】 华中至华南地区及台湾，留鸟，较常见。

LC（低度关注）。

❷ 白腰文鸟 *Lonchura striata*

【形态】 体长10～12 cm。喙粗厚且呈圆锥形，上喙黑色，下喙灰色，虹膜褐。额头、眼部黑褐色，上体红褐色或暗沙褐色，分布有白色的条纹，腰部白色，尾巴上的羽毛是栗褐色，颏部和喉部黑褐色，颈侧和上胸栗色，分布有浅黄色的羽毛，下胸和腹部近白色，羽毛上有"U"

形的条纹。脚灰色。

【习性】 性情喧闹吵嚷，结小群生活。习性似其他文鸟。白腰文鸟常见于平原及山脚，少见于高山。村庄附近的树丛和稻田中最普遍，在溪边和池塘边的灌木或竹林间及山上的针叶树或高草中也可见到。常成家族群活动，全家十余只一起，栖息于旧巢中，故有"十姐妹"之称。食性以植物种子为主食，特别喜欢稻谷；在夏季也吃一些昆虫和未熟的谷穗、草穗。

【中国分布与种群现状】 华中、西南、华南地区及台湾，留鸟。常见。

LC（低度关注）。

（十三）卷尾科 Dicruridae

黑卷尾 *Dicrurus macrocercus*

【形态】 体长24～30 cm。喙较小，虹膜红色。体羽黑色而具蓝绿色金属光泽，尾长且呈叉状。雄鸟全身羽毛呈辉黑色；前额、眼先羽绒黑色，上体自头部、背部至腰部及尾上覆羽，概深黑色，缀铜绿色金属闪光；尾羽深黑色，羽表面沾铜绿色光泽；中央一对尾羽最短，向外侧尾羽逐渐增长，最外侧一对最长，末端向外上方卷曲。雌鸟体色似雄鸟，但金属光泽稍差。脚黑色。

【习性】 栖息于平原或低海拔开阔的农田、林缘地带。性情凶猛，好打斗。

【中国分布与种群现状】 除新疆、青海外，各地均有分布，夏候鸟、留鸟，较常见。

LC（低度关注）。

（十四）鸦科 Corvidae

红嘴蓝鹊 *Urocissa erythroryncha*

【形态】 体长可达 68 cm。喙与足红色，虹膜黄色。头黑而顶冠白，背部蓝灰色。雌雄羽色相似，前额、头顶至后颈、头侧、颈侧、颏、喉和上胸全为黑色，顶至后颈各羽具白色、蓝白色或紫灰色羽端。背、肩、腰紫蓝灰色或灰蓝沾褐，尾长、呈凸状，中央尾羽蓝灰色具白色端斑，其余尾羽紫蓝色或蓝灰色，具白色端斑和黑色次端斑。下体喉、胸黑色，其余下体白色。脚红色。

【习性】 栖息于山区常绿阔叶林、针叶林、针阔叶混交林和次生林等各种不同类型的森林中，也见于竹林、林缘疏林和村旁、地边树上，性情活泼且嘈杂。主食为各类昆虫，也吃蜘蛛、蛙、蜥蜴、蛇和植物果实与种子。

【中国分布与种群现状】 华中、西南、华南及华东地区，留鸟，常见。

LC（低度关注）。

（十五）燕科 Hirundinidae

❶ 家燕 *Hirundo rustica*

【形态】 体长约 20 cm。喙黑褐色，短小而龇阔，虹膜暗褐色。上体钢蓝色，具金属光泽。胸偏红而具一条蓝色胸带，腹白。尾甚长，分叉，近端处具白色斑点。亚成鸟体羽色暗，尾无延长，易与洋斑燕混淆。脚黑色，较纤弱。

【习性】 栖息于人类居住环境周围，飞行方向不固定。

【中国分布与种群现状】 分布范围广，夏候鸟、冬候鸟、留鸟，常见。

LC（低度关注）。

❷ 金腰燕 Cecropis daurica

【形态】 体长 16～20 cm。喙短小而龇阔，黑褐色，虹膜暗褐色。上体从前额、头顶至背部均为蓝绿色而具金属光泽，后颈杂有栗黄色或棕栗色形成领环，腰部栗黄色或棕栗色，不同程度具有黑色羽干纹。下体棕白色，满杂以黑色纵纹。尾长而分叉，尾羽为黑褐色。脚暗褐色。

【习性】 栖息于低山丘陵至平原的村落、城镇等地，常伴人生活。常成小群活动，迁徙季节集大群。大部分时间在村落及田野上空飞翔，边飞边捕食蚊、蝇、蜂等飞虫，休息时则栖息在电线、房顶的屋檐等处，并发出"唧唧"的细弱叫声。

【中国分布与种群现状】 分布范围广，夏候鸟、冬候鸟、留鸟、旅鸟，常见。

LC（低度关注）。

❸ 崖沙燕 Riparia riparia

【形态】 体长 11～14 cm。喙短而宽扁，基部宽大，呈倒三角形，黑色，虹膜褐色。翅狭长而尖，尾略分叉，上体从头顶、肩至上背和翅上

覆羽深灰褐色，下背、腰和尾上覆羽稍淡，下体白色或灰白色，喉部白色常延伸至颈侧，褐色的胸带明显。尾浅叉状。脚黑色。

【习性】 喜栖于湖泊、泡沼和江河的泥质沙滩或附近的土崖上，主要栖息于沟壑陡壁，山地岩石带。晨昏间最为活跃，常结群在水面上空穿梭飞行。有时也和家燕、金腰燕等混在一起飞行，但很少高飞。

【中国分布与种群现状】 分布范围广，夏候鸟、旅鸟、冬候鸟，较常见。

LC（低度关注）。

（十六）山雀科 Paridae

大山雀 *Parus cinereus*

【形态】 体长13～15 cm。喙尖细，便于捕食，黑褐色或黑色，虹膜褐色或暗褐色。头部呈光泽的蓝黑色，两侧具大型白斑；上体蓝灰色，背沾绿色；下体白色，胸、腹有一条宽阔的中央纵纹。脚暗褐色或紫褐色。

【习性】 性格活泼大胆，不甚畏人，行动敏捷，除繁殖期间成对活动外，秋冬季节多成3～5只或十余只的小群，有时亦见单独活动的。

【中国分布与种群现状】 海南，留鸟，常见。

NR（未认可）。

（十七）鹀科 Emberizidae

❶ 灰头鹀 Emberiza spodocephala

【形态】 体长约 14 cm。喙短小而龇阔，呈黑褐色；虹膜暗褐色。雄性繁殖羽，嘴基、眼先、颊和颏斑灰黑色；头全部、颈周和胸绿灰色；背浅褐色，羽中央具宽阔黑色条纹；下背、腰和尾上覆羽浅橄榄褐色；尾羽黑褐，中央尾羽具黄褐色羽缘，最外侧一对尾羽几乎全白。雌鸟及冬季雄鸟头灰褐色，眉纹淡黄灰色，下颊纹白色；喉和上胸淡黄色，前胸具深色纵纹。脚暗褐色或紫褐色。

【习性】 栖息于平原和中高山地区的灌丛和较稀疏的林地。常常结成小群活动，杂食性，非繁殖期以草籽、植物果实和各种谷物为主食，繁殖期主要以鳞翅目昆虫幼虫和其他昆虫为食。

【中国分布与种群现状】 除新疆、西藏外，各地均有分布，夏候鸟、冬候鸟，常见。

LC（低度关注）。

❷ 苇鹀 Emberiza pallasi

【形态】 体长约 14 cm。喙短窄且直，虹膜褐色，上嘴黑褐色，下嘴带黄色。雄鸟头顶、颊和耳羽黑色，后颈具一条白色横带，背、肩羽黑色，腰和尾上覆羽浅灰色。雌鸟额、头顶黑褐色，眉纹黄白色，背、肩羽暗褐，腰和尾上覆羽浅沙黄色。脚肉色，爪黑色。

【习性】 繁殖期栖息于西伯利亚冻原地带的树林和灌丛中,在南部地区,则栖息于森林上缘亚高山苔原上。

【中国分布与种群现状】 西北、东北地区至东部沿海地区,夏候鸟、冬候鸟、旅鸟,较常见。

LC(低度关注)。

(十八)百灵科 Alaudidae

小云雀 *Alauda gulgula*

【形态】 体长约15 cm。喙短小而龇阔,呈黑褐色;虹膜褐色。上体棕褐色,满布黑褐色羽干纹,头顶和后颈黑褐色纵纹较细,背部黑色纵纹较粗著。眼先和眉纹棕白色,耳羽淡棕栗色。翅黑褐色,初级飞羽外翈具窄的淡棕色羽缘,次级飞羽外翈棕色羽缘较宽,三级飞羽外翈棕色羽缘较淡。尾羽黑褐色微具窄的棕白色羽缘,最外侧一对尾羽纯白色。下体淡棕色或棕白色,胸部棕色较浓密布黑褐色羽干纹。脚肉色。

【习性】 栖息于开阔地带,偏好短草覆盖的生境,如草原、耕地、盐沼海岸湿地、河湖边缘、稻田周边和半沙漠地带。性情活跃,喜欢成群活动,常在地面上奔走寻食。善于飞行,飞行时翼上无棕色斑块,与歌百灵的区别在于翼上无棕色,且行为上存在差异。

【中国分布与种群现状】 新疆南部、青藏高原,夏候鸟;南方各地,留鸟。

LC(低度关注)。

（十九）绣眼鸟科 Zosteropidae

暗绿绣眼鸟 Zosterops japonicus

【形态】 体长9～11 cm。喙黑色，喙基色浅，虹膜红褐色，白色眼圈明显，眼先黑色，额基黄色。上体绿色，飞羽和尾羽黑褐色，外翈缘草绿色。颏、喉、颈侧和上胸鲜黄色，下胸及腹部灰白色，尾下覆羽鲜黄色。脚铅灰色。

【习性】 栖息于阔叶林、针阔叶混交林，如竹林、次生林等，性情活泼敏捷。

【中国分布与种群现状】 东北、华中地区至南部沿海，夏候鸟、留鸟，较常见。

LC（低度关注）。

（二十）鸫科 Turdidae

❶ 乌鸫 Turdus mandarinus

【形态】 体长21～29 cm。喙橙黄色或黄色，虹膜褐色。雄鸟全身大致黑色、黑褐色或乌褐色，有的沾锈色或灰色，上体（两翅和尾羽）黑色。下体黑褐，色稍淡，颏缀以棕色羽缘，喉亦微染棕色而微具黑褐色纵纹。雌鸟较雄鸟色淡，喉、胸有暗色纵纹。脚黑色。

【习性】 栖息于林缘、村镇、农田和城市园林及小区绿地。食物包括昆虫、蚯蚓、种子和浆果。高度适应城市化,会在建筑物外立面及阳台花盆中筑巢。

【中国分布与种群现状】 青海、甘肃南部至华北及以南的多数地区,留鸟,常见。

LC(低度关注)。

❷ 白腹鸫 *Turdus pallidus*

【形态】 体长约 24 cm。上喙灰色,下喙黄色,虹膜褐色。雄鸟头部和喉部灰褐色,雌鸟头部褐色,喉部偏白且略具细纹。翼衬灰或白色,似赤胸鸫但胸及两胁褐灰而非黄褐,外侧两枚尾羽的羽端白色甚宽。脚浅褐色。

【习性】 在森林下层灌木间或地上活动和觅食。除繁殖期间单独或成对活动外,其他季节多成群。性情胆怯,善于藏匿。主要以昆虫为食,也吃其他小型无脊椎动物和植物果实与种子。

【中国分布与种群现状】 分布范围广,夏候鸟、旅鸟、冬候鸟,较常见。

LC(低度关注)。

❸ 斑鸫 *Turdus eunomus*

【形态】 体长约 25 cm。喙黑褐色,下嘴基部黄色,虹膜褐色。雄鸟头部和上体主要为黑褐色,具明显的白色眉纹、白色颚纹,颊纹黑色,喉白;腹白,胸和两胁布满黑色粗点斑。雌鸟褐色及皮黄色较暗淡,斑纹同雄鸟,下胸黑色斑点较小。脚淡褐色。

【习性】 栖息于西伯利亚泰加林、桦树林、白杨林和杉木林等各种类型森林和林缘灌丛地带。强迁徙性鸟类,冬季南迁至东南亚,主要在中国及邻国越冬。斑鸫在开阔的多草地带及田野活动,冬季成大群。

【中国分布与种群现状】 分布范围广,冬候鸟、旅鸟,较常见。

LC(低度关注)。

(二十一)攀雀科 Remizidae

中华攀雀 *Remiz consobrinus*

【形态】 体长约 11 cm。喙灰黑色,虹膜深褐色。雄鸟顶冠灰色,脸部黑色,背部棕色,尾羽凹形。雌鸟及幼鸟似雄鸟但色暗,脸罩略呈深色。脚蓝灰色。

【习性】 栖息于河边湿地和芦苇地,以昆虫和种子为食,擅长用纤细植物材料筑巢,常悬挂于树枝上。鸣声细小而单调,柔细而动人的哨音"tsee";较圆润的"piu"及一连串快速的"siu"声。鸣声似雀鸟,"tea-cher"的主调接"si-si-tiu"副歌。

【中国分布与种群现状】 东北、华中地区至南部沿海,夏候鸟、旅鸟、冬候鸟,不常见。

LC(低度关注)。

(二十二)柳莺科 Phylloscopidae

❶ 褐柳莺 *Phylloscopus fuscatus*

【形态】 体长约 11 cm。喙细小,上喙色深,下喙偏黄;虹膜褐色。

雀形目

· 柳莺科 ·

外形紧凑而墩圆，两翼短圆，尾圆而略凹。下体乳白色，胸及两胁沾黄褐色。上体灰褐，飞羽有橄榄绿色的翼缘。脚偏褐色。

【习性】 栖息于平原至海拔 4 500 m 的山地森林和林线以上的高山灌丛地带。

【中国分布与种群现状】 分布范围广，夏候鸟、冬候鸟、旅鸟，较常见。

LC（低度关注）。

❷ 黄腰柳莺 *Phylloscopus proregulus*

【形态】 体长 8～11 cm。喙细小，虹膜暗褐色。上体橄榄绿色，腰部柠檬黄色，形成鲜明的黄色腰带。下体苍白色，稍沾黄绿色。脚淡褐色。

【习性】 栖息于针叶林、针阔叶混交林和稀疏的阔叶林。迁徙期间活动于林缘次生林和道边疏林灌丛中，以昆虫为食。

【中国分布与种群现状】 除西藏外，各地均有分布，夏候鸟、冬候鸟、旅鸟，常见。

LC（低度关注）。

参考文献

[1] 环境保护部.生物多样性观测技术导则[M].北京：中国环境科学出版社，2015.

[2] 黑龙江省市场监督管理局.鸟类野外调查技术规范：DB23/T 2870—2021[S].哈尔滨：黑龙江省市场监督管理局，2021.

[3] 郑光美.中国鸟类分类与分布名录[M].3版.北京：科学出版社，2017.

[4] 国家林业和草原局，农业农村部.国家重点保护野生动物名录[EB/OL].（2021-02-01）.https://www.forestry.gov.cn/search/43000.

[5] 朱曦，姜海良，吕燕春.华东鸟类物种和亚种分类名录与分布[M].北京：科学出版社，2008.

[6] 马志军，陈水华.中国海洋与湿地鸟类[M].长沙：湖南科学技术出版社，2018.

[7] 吴明，蒋科毅，焦盛武，等.杭州湾湿地鸟类[M].北京：中国林业出版社，2018.

[8] 聂延秋.中国鸟类识别手册[M].北京：中国林业出版社，2017.

[9] 赵正阶.中国鸟类志：下卷 雀形目[M].长春：吉林科学技术出版社，2001.

[10] 郑作新.中国鸟类种和亚种分类名录大全[M].修订版.北京：科学出版社，2000.

[11] 浙江动物志编辑委员会.浙江动物志：鸟类[M].杭州：浙江科学技术出版社，1990.

[12] IUCN. The IUCN Red List of Threatened Species[Z/OL].[2025-01-06]. https://www.iucnredlist.org.